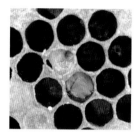

彩图 3-9 蛹期死亡典型
特征——"吻向上方伸出"

彩图 3-10 4～5 日龄死亡的幼虫

彩图 3-11 患病幼虫可见
清晰的气管系统

彩图 3-12 患病幼虫虫体不同姿态

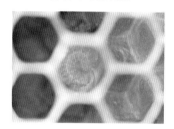

彩图 3-13 幼虫尸体

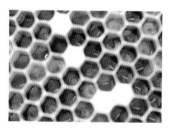

彩图 3-14 巢内只见卵、
虫，不见封盖子

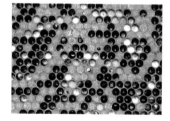

彩图 4-1 囊状幼虫病引起的"花子"

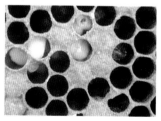

彩图 4-2 病虫躯体内液体聚积

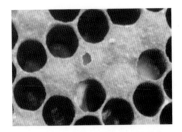

彩图 4-3　被工蜂咬开的巢房

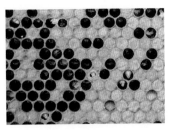

彩图 4-4　患囊状幼虫病的
典型症状——"尖头"

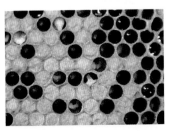

彩图 4-5　虫体死亡干燥后
的"龙船状"鳞片

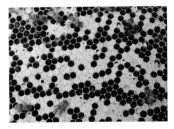

彩图 4-6　"花子"症状

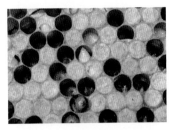

彩图 4-7　巢房被咬开后呈
"尖头"状

彩图 4-8　幼虫呈明显的囊袋状

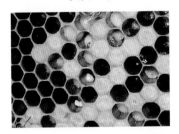

彩图 4-9　虫体死后干成上翘的鳞片

彩图 4-10　巢房下陷穿孔

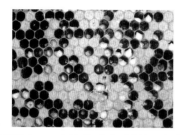

彩图 4-11　死虫体干后无黏性和臭味

彩图 4-12　蜂箱前散落的虫尸

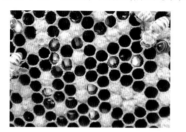

彩图 5-1　患病幼虫缩小成
较硬的虫尸

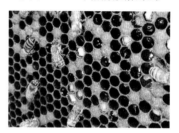

彩图 5-2　虫尸呈白色或黑白
两色石灰子状

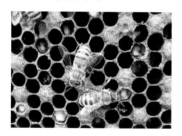

彩图 5-3　工蜂正在清理患
白垩病的虫尸

彩图 5-4　箱底患白垩病的虫尸

彩图 5-5　巢门前患白垩病的虫尸

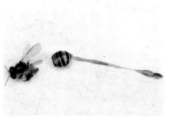

彩图 6-1　中肠呈灰白色、环纹
模糊、失去弹性

彩图 6-2 出现爬蜂

彩图 7-1 寄生于幼虫的螨

彩图 7-2 幼虫身体上不同阶段的螨

彩图 7-3 巢门出现残翅的爬蜂

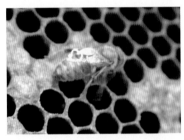

彩图 7-4 脾上有残翅的工蜂

彩图 7-5 寄生在蜜蜂身体上的螨

彩图 7-6 箱底放白纸板

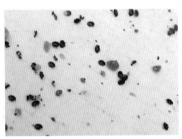

彩图 7-7 用白纸板统计落螨情况

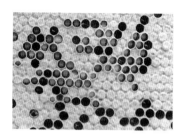

彩图 7-8　巢脾上出现"白头蛹"

彩图 7-9　巢门前工蜂拖出的
受蜡螟危害的蛹

彩图 7-10　巢门前拖出的受蜡螟
危害不能羽化的蜂

彩图 7-11　蜡螟吐的丝线

彩图 7-12　箱底的蜡螟幼虫

彩图 7-13　破坏力极强的蜡螟幼虫

彩图 7-14　蜡螟成虫

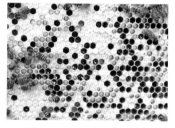

彩图 7-15　蜡螟幼虫危害的脾

彩图 7-16 胡蜂捕杀蜜蜂

彩图 7-17 被茧蜂寄生后伏
于踏板的工蜂

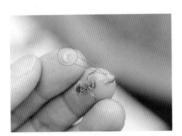

彩图 7-18 工蜂腹腔内的斯氏
蜜蜂茧蜂幼虫

彩图 7-19 茧蜂幼虫从中蜂肛门
处咬破其体壁爬出

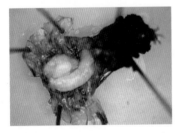

彩图 7-20 工蜂体内紧贴工蜂
中肠的茧蜂幼虫

彩图 7-21 危害蜂群的蚂蚁

彩图 7-22 蟾蜍吃蜜蜂

彩图 7-23 蜘蛛捕杀蜜蜂

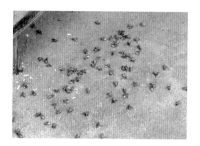

彩图 8-1　巢门处的大量死蜂

彩图 8-2　巢门有带花粉团的死蜂

彩图 8-3　中毒而死的蜜蜂喙伸出

彩图 8-4　箱底中毒的工蜂

彩图 8-5　幼虫落在箱底

彩图 8-6　雷公藤

彩图8-7　昆明山海棠

彩图8-8　博落回

彩图8-9　曼陀罗

彩图8-10　喜树

彩图8-11　枣树

彩图8-12　茶树

经典实用技术丛书

蜜蜂病敌害诊治一本通

主　编　王瑞生　高丽娇　任　勤
副主编　刘佳霖　罗文华　杨金龙
参　编（按姓氏笔画排序）
　　　　王小平　龙小飞　朱永和　陈胡燕　荆战星
　　　　翁昌龙　唐凤姣　姬聪慧　曹　兰　颜学强

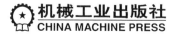

机械工业出版社
CHINA MACHINE PRESS

本书系统地介绍了蜂病的流行与防控、诊断与用药，细菌、病毒、真菌和其他病原物引起的蜂病的诊治，以及蜜蜂敌虫害、中毒、遗传和环境引起的蜂病的诊治知识，以便蜂农在没有实验室诊断的情况下能及时、准确地判定病因，对症下药，从而有效地控制蜂病的传播和蔓延，最大限度地减少蜜蜂病敌害造成的损失，以确保蜂群健康发展，并能取得较好的经济效益。

本书内容丰富，技术实用，适合广大蜂农及从事蜜蜂病害与敌害防治的技术人员使用，也可供农林院校相关专业的师生学习参考。

图书在版编目（CIP）数据

蜜蜂病敌害诊治一本通/王瑞生，高丽娇，任勤主编.—北京：机械工业出版社，2020.9

（经典实用技术丛书）

ISBN 978-7-111-66095-8

Ⅰ.①蜜…　Ⅱ.①王…②高…③任…　Ⅲ.①蜜蜂疾病－防治②蜜蜂－敌害－防治　Ⅳ.①S895

中国版本图书馆 CIP 数据核字（2020）第 124769 号

机械工业出版社（北京市百万庄大街 22 号　邮政编码 100037）
策划编辑：周晓伟　高　伟　责任编辑：周晓伟　高　伟
责任校对：张　力　　　　　责任印制：孙　炜
保定市中画美凯印刷有限公司印刷
2020 年 9 月第 1 版第 1 次印刷
145mm×210mm·3.25 印张·4 插页·91 千字
0001—1900 册
标准书号：ISBN 978-7-111-66095-8
定价：19.80 元

电话服务　　　　　　　　网络服务
客服电话：010-88361066　机 工 官 网：www.cmpbook.com
　　　　　010-88379833　机 工 官 博：weibo.com/cmp1952
　　　　　010-68326294　金 　书 　网：www.golden-book.com
封底无防伪标均为盗版　机工教育服务网：www.cmpedu.com

Preface 前言

　　蜜蜂是一种重要的经济昆虫，不仅可为人类提供营养丰富的蜂产品，而且在农业授粉和维护生态平衡方面也起着重要作用。随着人们对蜜蜂认识的提高，以及各级政府对养蜂业的高度重视，养蜂业取得长足发展。养蜂业因"投资少、见效快、无污染"等特点，有着传统畜禽养殖业无法比拟的优势，许多贫困地区将发展养蜂业纳入当地农户脱贫致富的首选产业。但养蜂业在发展过程中受到各种病敌害的危害，如果防治措施不当，不仅给养蜂户带来重大损失，而且还会传染给周边的蜂群，极大地影响蜂产业的发展。

　　鉴于此，编者在大量的科研成果和丰富经验的基础上，参考了大量的文献、专著，较详细地介绍了蜜蜂病敌害的种类及具体的防治措施，将蜜蜂常见病敌害的流行特点、典型症状、现场诊断及治疗方案进行了总结归纳，形成了系统的蜜蜂病敌害防治知识体系，并对蜜蜂农药中毒现象也做了详细描述，对于广大蜂农在养蜂生产过程中解决病敌害防治问题具有很强的实际应用价值。本书内容丰富、先进实用，可供广大蜂农及蜂业科技推广工作者参考。

　　需要特别说明的是，本书所用药物及其使用剂量仅供读者参考，不可照搬。在生产实际中，所用药物学名、常用名与实际商品名称有差异，药物浓度也有所不同，建议读者在使用每一种药物之前，参阅厂家提供的产品说明以确认药物用量、用药方法、用药时间及禁忌等。购买兽药时，执业兽医有责任根据经验和对患病动物的了解决定用药量及选择最佳治疗方案。

　　感谢国家蜂产业技术体系重庆综合试验站各示范县技术骨干为本书编写提供的经验素材。

　　由于编者水平有限，书中疏漏、欠妥之处在所难免，在此恳请各位专家、读者不吝赐教。

编　者

目 录 Contents

前 言

蜂病的流行与防控

蜜蜂因个体小，免疫功能不健全，当受到不良外界环境的影响，或遭受各种敌害的侵袭，以及与有毒物质接触时，易感染各种疾病或发生敌害、中毒现象。若蜂场发生病害、敌害和中毒现象，首先会影响蜜蜂体质和群势，降低蜂产品的质量和产量；其次，蜜蜂是营群体生活，一旦有少数蜜蜂染病，尤其是传染性病害，很容易传染给其他蜜蜂或蜂群，甚至在蜂场间传播和流行，对蜂群甚至整个蜂场造成灭顶之灾。

蜜蜂属于完全变态昆虫，其各个发育阶段（卵、幼虫、蛹、成虫）的持续期都较短，无论任何阶段患病，再好的药物及方法，也会使该阶段的发育受到损害，尤其是有些传染病，传播速度很快。另外，蜂农对蜜蜂与病害和环境相互制约及相互依存的规律认识有欠缺，目前蜜蜂病害的防治多数仍依赖化学药物，结果导致蜜蜂病害的防治出现很多问题，如蜜蜂病敌害抗药性增强，用药量和用药次数不断增加，不仅造成蜜蜂中毒，还导致蜂产品中药物残留，进而影响蜂产品安全、消费者健康。因此，在蜂病的防治工作上必须坚持"预防为主，治疗为辅"的原则。

一、病原微生物

引起传染病的病原称为病原微生物，是一类结构较简单、个体小、繁殖快、分布广的生物。在养蜂生产过程中引起蜜蜂传染病的病原很多，主要有细菌、真菌、病毒等。

1. 细菌

细菌是一类单细胞微生物，一般要借助光学显微镜才能观察到。根据细菌染色特性的不同，可将其分为革兰阳性菌（G^+）和革兰阴性菌（G⁻）。有些细菌还具有鞭毛等特殊结构，某些细菌还能够形成芽孢，增强了对外界不良环境的抵抗能力。

细菌类疾病是一种严重危害蜜蜂蜂群正常生长、发育的传染性疾病，具有传播速度快、感染时间长、危害程度大等特点。引起蜜蜂传染病的具有代表性的细菌有：引起欧洲幼虫腐臭病的蜂房蜜蜂球菌，引起美洲幼虫腐臭病的幼虫芽孢杆菌，引起蜜蜂败血症的蜜蜂败血假单胞菌（或称蜜蜂败血杆菌）和引起蜜蜂副伤寒病的蜂房哈夫尼菌（或称蜜蜂副伤寒杆菌）。细菌对抗生素较为敏感，治疗细菌病效果较好的是红霉素等抗生素类药物，但很多抗生素会造成蜂产品污染而被禁用。蜂农可选择使用一些具有抗细菌作用的中草药，或者通过改善饲养管理的办法，减少该类传染病的发生。

2. 真菌

根据病原真菌的致病作用，可将其分为两类：一类是真菌病病原，如引起蜜蜂白垩病的蜜蜂球囊菌；另一类是真菌中毒病的病原，真菌产生的毒素引起蜜蜂中毒。还有一些真菌兼有感染性和产毒性，如黄曲霉菌。利用一些具有抗真菌作用的中草药治疗蜜蜂真菌病可取得比较理想的效果，而用抗生素治疗效果不佳。

3. 病毒

病毒是一类体积微小，只能寄生在活细胞内生长繁殖的非细胞形态的微生物。大部分病毒只有借助电子显微镜才可以观察得到。具有代表性的蜜蜂病毒是引起中蜂囊状幼虫病的中蜂囊状幼虫病毒。一般病毒耐冷不耐热，大部分病毒在 50℃ 液体中持续 30 分钟可以被灭活，利用紫外线也可以灭活病毒。利用理化方法使病毒失去感染的能力称为灭活。多数病毒对 84 消毒液、食用碱和漂白粉表现敏感。另外，一些药物如肽丁胺及一些中草药对蜜蜂病毒具有抑制作用，而用抗生素无效。

二、蜜蜂传染病的流行

1. 传染和传染病

病原微生物以一定方式侵入蜜蜂机体，并在某些部位"定居"、生长繁殖，进而引起蜜蜂机体一系列的病理变化，这个过程称为传染。例如，某些营寄生生活的病原微生物（真菌、细菌、病毒等）把蜜蜂身体作为生长繁殖的场所，蜜蜂逐渐表现出得病的症状，并且不断使其他蜜蜂也表现出同样的症状，这个过程就称为传染。

传染病是由病原微生物（真菌、细菌、病毒等）引起的，具有一定的潜伏期和表现，并具有传染性的疾病。传染病一般具有下列特征。

1）传染病都存在其特定的病原微生物。例如，美洲幼虫腐臭病存在幼虫芽孢杆菌，中蜂囊状幼虫病存在中蜂囊状幼虫病毒。

2）传染病均具有传染性。从患病蜜蜂体内分离出的病原微生物，侵入另一只健康蜜蜂体内，就会引起相同的疾病。

3）传染病具有特征性的症状。例如，引起慢性麻痹病的病毒主要侵害蜜蜂的神经系统，发病蜜蜂表现出的症状往往是身体颤抖。

2. 传染病的发展阶段

蜜蜂的传染病有规律性的发展阶段，因此我们认识传染病有规律可循，同时也有助于区别蜜蜂传染病与其他种类的病害。传染病的发展可以分为以下几个阶段。

（1）潜伏期 由病原体侵入蜜蜂机体并开始繁殖时起，直到出现症状为止，这段时间称为潜伏期。不同的传染病具有长短不同的潜伏期，而同一种传染病潜伏期的长短表现出一定的规律性。例如，囊状幼虫病的潜伏期一般为 5 ~ 6 天，而欧洲幼虫腐臭病的潜伏期一般为 2 ~ 3 天。如果同一种传染病潜伏期短促，则该疾病常表现较严重；反之，如果潜伏期较长，则该疾病常较轻缓。

（2）前驱期 该阶段的特点是病害的症状开始表现出来，为疾病的征兆阶段，但病害的特征性症状不甚明显。

（3）症状明显期 该阶段的特点是病害的特征性症状逐渐明显地表现出来，为蜜蜂病害发展的高峰期阶段，这时病害的诊断较容易。

（4）转归期 如果病原微生物致病力增强，或蜂群抗病性减退，则以蜜蜂死亡为转归；如果蜜蜂抵抗力增强，则蜂群的转归表现为逐渐恢复健康。在疾病发生过后的一定时间内，蜂群还存在带菌

第一章

（毒）、排菌（毒）现象，最后病原微生物被消灭清除。

从以上 4 个时期可以看出，传染病从发生到加重是要经过一个过程的。传染病一般首先表现为 1~2 个群发病，再逐渐增多，蔓延到整个蜂场，然后蔓延到发病蜂场周围的所有蜂场，甚至周边的县、区。反之，如果某个蜂场的蜜蜂，前一天下午还表现一切正常，一夜之间全场覆没，则发生传染病的可能性就很小，而发生蜜蜂中毒的可能性就很大；如果在一个蜂场中，在蜂具混用的情况下，只有个别蜂群得病并且没有扩散的现象，则传染病的可能性也很小，可以考虑其他的问题，如蜂王的状况不良等。

3. 传染病流行的三个基本环节

从已经感染的蜜蜂体中排出的病原微生物，在外界环境中停留一定的时间，经过一定的传播途径，侵入新的蜜蜂体内，此过程连续不断地发生、发展就形成了传染病的传染过程。蜜蜂传染病在蜂群中传播，必须具备传染源、传播途径和易感病蜜蜂 3 个基本环节。如果缺少其中任何一个环节，蜜蜂新的传染就不能发生。当病害流行已经开始后，若切断任何一个环节，病害流行就会停止。

4. 流行过程的表现形式

在蜜蜂传染病的流行过程中，根据其在一定时间内传播范围的大小和发病率的高低，可将传染病分为散发性、地方流行性、流行性和大流行性 4 种类型。另外，由于气候可以影响病原体在外界的传播速度、范围（例如，阴雨多湿的气候就有利于真菌的发生、发展）、媒介，以及蜂群的活动性和蜜蜂对病害的抵抗力，所以某些传染病往往表现出季节性，如中蜂囊状幼虫病等。

三、蜜蜂传染病的基本防治措施

1. 健康管理

（1）饲养管理 科学的蜂场饲养管理，可以使蜜蜂的生长发育及蜂群发展良好，提高蜜蜂的抗病及抗逆能力，减少蜜蜂病害的发生，降低损失。相反，饲养管理水平差，会使蜂群的抗病力、抗逆性和生产力下降，进而使经济效益受到影响。

1）饲养强群。蜂群强势则蜂多子旺，繁殖力、生产力、抗逆性和抗病力强。在春繁时期，一旦蜂群群势弱小，不能为子脾提供充足的温度或食物（主要为蜂王浆），蜜蜂幼虫或封盖子就将面临冻害或营养不良，甚至诱发各种幼虫病，强群则可避免这些情况。有些病毒和细菌病害，在发生初期，强群的蜜蜂工蜂能及时清除掉发病虫体，使病原数量减少，阻止病害的进一步发生和发展。此外，强群的蜂群患病经治疗后，恢复也相对较快。养蜂实践证明，在很多病害的预防过程中，强群有着突出的抗病优势。

2）饲料供应。如果要蜂群强势，必须保证蜜蜂饲料优质和充足。当蜂群缺乏饲料时，成年蜂及幼虫便处于饥饿状态，正常的生理机能就会被破坏，抗逆性、抗病力减弱，病原就容易侵入蜜蜂体内而引起病害。另外，蜜蜂营养不良，可致使早衰，群势下降，对蜜蜂幼虫及蛹来讲，要么羽化后不健康、寿命短，要么死亡。因此，蜂群在早春繁殖或越夏时，因繁殖和保（降）温的需要，饲料消耗增加，必须供给充足的饲料。在蜜粉缺乏时期，应补充饲喂蜂群蜂蜜或糖浆，补充饲喂花粉或花粉代用饲料，时刻保证饲料充足。另外，饲料品质的优劣直接影响着蜂群的健康。如果饲料受到病原体的污染，则会成为许多传染病传播的媒介，例如，大肚病、下痢病就是蜜蜂采食了被病原体污染的蜜粉饲料而引起的。因此，在蜂群饲喂前，必须对来源不明的花粉做消毒处理，变质或营养不全的蜜粉饲料，也会影响蜂群的健康。另外，饲喂白糖比饲喂蜂蜜经济，而且不易引起盗蜂和病害。

3）蜂王管理。一只状况良好的蜂王，其产卵力和抗病力都强。蜂王承载着蜂群的种性，优质的蜂王是培育强群的基本条件之一。一般来说，新蜂王带病原体的概率较低，在养蜂生产中，一般用新蜂王替换老蜂王来防治病毒病，如囊状幼虫病等。一般换王后，可保证1～2子代不发病或仅少数幼虫发病。同时在养蜂生产管理中，换蜂王也是维持蜂群强盛的需要。

4）卫生管理。在蜂群管理过程中，养蜂人员讲究个人卫生也是养蜂生产的基本条件之一。蜂群之间的蜂、子脾调整应该以不传播疾病为原则。对于有病蜂群用过的蜂具，必须经过清洗或彻底消毒后才可用于其他健康蜂群。及时造脾、积极更新旧脾，可减少蜜蜂疾病的发生。

（2）抗病育种　蜜蜂品种不同，其抗病性有明显差异，同种的蜜蜂之间抗病力也不同，而且很多抗病性是具有遗传性的，这是蜜蜂抗病选育的基础。在养蜂生产过程中，养蜂人员应注重选择繁殖力强、抗病力强、抗逆性好和生产性能好的蜂群来培育蜂王和雄蜂，另外还要兼顾蜜蜂的温驯性和气候适应性。很多养蜂人员经过长期对蜂群的选育，已经获得对某些病害具有明显抗病性的蜂群，例如，对中蜂囊状幼虫病具有明显抗病性的中蜂蜂群。除了利用常规的蜜蜂育种方法外，还可运用人工授精技术、基因工程技术等进行育种，使抗虫、抗病的基因转移，并使之在蜂群后代中的抗病性得以表现。

（3）蜂场环境　不卫生的环境是病原菌的主要来源之一，因此必须要搞好蜂场及附近的环境卫生。蜂场场址要选在环境良好的地方，对蜂场周边的污水坑要及时填平，在蜂场 25 ~ 50 米范围内设置饮水器。蜂箱前后和蜂场周围的脏物、杂草和蜂尸要及时清除，这样可以有效减少病害的传染源及蚂蚁等敌害的滋生。当发生传染性的病害时，要及时落实起刮刀、巢脾、蜂箱等蜂具和蜂场的消毒工作。蜂场不要建在有污染源的地方，另外，要特别注意清除蜂场附近的敌害等。

2. 蜂病预防

蜜蜂发育期很短，一旦病害发生就会造成蜂群的损失，特别是一些传染性病害的暴发与流行，更会造成严重的经济损失。做好蜂病预防工作，可以有效地防止病害的发生、传染与蔓延。因此，蜜蜂病害的防治工作应遵循"以防为主，防治结合"的原则。蜂群的预防工作主要有以下几个方面。

（1）检疫　蜜蜂检疫工作是控制病害流行扩散的最有效途径。尤其是蜂群产地的检疫工作，能将病害限制在发生地，及时对发病群进行处理而不使之蔓延。我国许多蜂场尤其是意大利蜜蜂蜂场因为是转地放蜂，在一年中，蜂群的活动范围几乎遍布全国，如果不经过严格检疫，很容易造成病害的传播和蔓延。例如，意大利蜜蜂的白垩

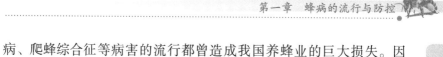

病、爬蜂综合征等病害的流行都曾造成我国养蜂业的巨大损失。因此，在蜂群检疫工作中，首先检疫部门应严格检疫；其次，养蜂人员也应认识到蜜蜂检疫与我国养蜂业全局利益及养蜂者个人利益的密切关系，积极主动配合蜜蜂检疫，严防病害蔓延。

（2）消毒 利用物理、化学或其他方法杀灭外界环境中的病原体的过程称为消毒。

1）消毒的分类。根据消毒的目的，可将消毒分为预防消毒、紧急消毒和巩固消毒3类。预防消毒，是在病害发生以前，为了预防感染而对蜂场进行的定期消毒。紧急消毒，是指从病害发生以后到扑灭前所进行的消毒，其目的是尽快彻底地消灭外界的病原体，控制病害发展。巩固消毒，是指在病害扑灭之后对蜂场环境的全面消毒，其目的是消灭可能残存的病原体，巩固前期蜂场消毒的效果。

2）消毒的方法。消毒方法有机械消毒、物理消毒和化学消毒3种。

① 机械消毒。机械消毒是指运用清扫、刮除、洗刷、通风换气等机械方法清除病原体。例如，铲刮蜂具表面的污物可有效清除病原体；清洗蜂箱和清扫蜂场，可减少病原菌在蜂箱和蜂场内的存在。

② 物理消毒。物理消毒是指依靠阳光、紫外线、煮沸和灼烧等方法杀灭病原体，包括阳光消毒、灼烧消毒、煮沸消毒和紫外线消毒。阳光消毒：阳光中的紫外线有较强的杀菌作用，一般的病毒和非芽孢病原体，在阳光直射下几小时即可死亡，某些细菌芽孢在连续几天的强烈暴晒下也会死亡。此种方法经济实用，可用于保温物及蜂箱、隔板、巢框等蜂机具的消毒。灼烧消毒：用煤油或酒精喷灯灼烧蜂箱、隔板、巢框等蜂具表面至焦黄。这种方法简单有效、消毒彻底、不留死角，但对蜂机具有损伤，一般每年秋季消毒1次。煮沸消毒：在100℃沸水中大多数非芽孢细菌可迅速死亡，如果煮沸1小时，则可消灭一切病原体。这种消毒常用于工作服、覆布、金属器具等耐煮沸物品的消毒，水面应保证高于消毒的物品。紫外线消毒：使用紫外线灯（低压水银灯）进行消毒。紫外线消毒的消毒效果与照射距离、照射时间有密切关系，例如，用1~2只30瓦的紫外线灯对

2 米处的物品照射 30 分钟即可达到消毒效果。该方法常用于空气消毒及巢脾等蜂机具的表面消毒。

③ 化学消毒。化学消毒是最常用也是使用最广泛的消毒方法，一般用于场地、蜂箱、巢脾消毒等。液体消毒剂可用喷洒、浸泡的方式消毒，熏烟或熏蒸蜂具则要在密闭空间里进行。

3. 药物治疗

（1）治疗原则　一旦发现蜂病疫情，应立即报告当地动物检疫部门，同时逐个检查蜂群，将发病蜂群和疑似发病蜂群转移到病原体不易传播、消毒处理方便的地方进行隔离治疗，有病蜂群用的蜂具和蜂产品未经消毒处理不得带回健康蜂场。如果为恶性或国内首次发现的传染病，或已失去经济价值的发病群，都应进行就地焚烧或深埋处理。对于被隔离的蜂群，经过治疗且经过该传染病 2 个潜伏期后，如果没有再发现发病症状，才可解除隔离。

（2）药物选用　药物治疗是目前治疗蜜蜂病敌害的主要手段。在治疗之前，首先对病敌害做出诊断，确定病原或敌害种类，然后再针对性下药，选取对发病蜂群高效低毒的药物。对于细菌病害，一般用盐酸土霉素可溶性粉和红霉素等药物；对于真菌病，常选用制霉菌素、食醋和二性霉素 B 等杀真菌药物；对于病毒病，一般选用抗病毒药，如盐酸金刚烷胺片和抗病毒类中草药糖浆等；对于螨类敌害，可选用氟氯苯氰菊酯条、双甲脒条（500 毫克）、甲酸乙醇溶液、氟胺氰菊酯条等。

（3）注意事项

1）准确配制与使用药物。配制药物时，要准确掌握用量，用量过大不但会引起蜜蜂中毒，还容易造成蜂产品的污染；用量过小则无治疗效果，还会引起病原体产生抗药性。

2）掌握用药时间。准确抓住关键时机用药，省工省力，增强治疗效果。例如，在蜂群的断子期治螨，只需连续用药 2～3 次，即可使蜂群全年避免发生螨害。

3）切实利用药效时间。抗生素糖浆的有效时间很短，应现配现用，每次饲喂量还应以蜂群当天吃完为宜，不应有剩余。

4）防止产生抗药性。为了防止病原菌及巢虫、螨类等敌害产生抗药性，不建议长期使用一种抗生素或杀巢虫、杀螨药物，而应选用两种以上药物交替使用。

5）谨慎用药。治疗病毒病一般不建议用抗生素，病情较轻、病因不明者不用药，加强饲养管理使其自愈。防治蜂螨时，不能采取"有螨无螨治三遍"的方式，只有在蜂螨寄生率达到防治要求时，才可抓住断子治螨等有利时机进行防治。值得注意的是，蜂群的每一次施药对蜜蜂都是一次伤害，严重者施药 2 小时后即会引起爬蜂。

6）防止蜂产品污染。在大流蜜期前 1 个月，不得使用抗生素或其他可能造成蜂产品污染的药物，以免造成抗生素污染和农药残留，从而降低产品品质。当遭遇病敌害且必须使用药物时，应在生产蜂产品时将污染的蜂蜜分开，不能作为商品销售。蜂蜜的抗生素污染，一直是影响我国蜂蜜质量和价格的重要因素，养蜂者应予以足够重视。

第 二 章 蜂病的诊断与用药

一、蜂病的诊断

蜜蜂病害的种类很多，从病原个体最小的病毒到原生动物微孢子虫，总共有十几种病害能够威胁蜜蜂的生存。如果在蜜蜂病害诊断时盲目进行逐项排除，不但费时费工，而且容易出现判断错误的情况。所以，建立一套科学完整的蜂病诊断步骤是很有必要的。

蜜蜂在不同的成长阶段（卵、幼虫、蛹、成虫）可能患的疾病各不相同，使幼虫患病的病原多数无法感染成年蜂使之发病，而感染成年蜂的病原一般也不会造成蜜蜂幼虫患病。根据这一情况，在蜂病诊断过程中，对我国发生的主要蜜蜂病害进行了以下分类：卵期病害、幼虫期病害、蛹期病害及成年蜂病害。根据这一标准，在实际蜂病诊断过程中，可以建立一套蜜蜂病虫害从蜂群检查到症状检索的诊断方法，具体如下。

1. 蜂群检查

蜂群检查是进行蜜蜂病虫害诊断的第一步，因为无论哪种对蜜蜂个体有影响的病虫害都会或多或少从蜂群层面上表现出来。除去一些必要的管理外，一般养蜂人员要避免频繁开箱检查，尽量保证蜂群内部环境的稳定。蜂群检查多在日常蜂群管理时进行。可通过以下几个方面衡量蜂群是否正常。

（1）观察爬行缓慢的成年蜂或死蜂的数量 蜜蜂是一种营社会生活且个体较小的昆虫，单一个体发病症状较难通过肉眼直接观察到，而且也难以被养蜂人员发现。因此，只有在相对较多的蜜蜂个体同时表现异常而出现症状时，才会被认为是蜂群患病。而成年蜂患病后，大多数情况下因体质衰弱而表现出的飞行无力，爬出巢门，甚至无力附着在巢脾上，导致其掉落蜂箱底部，最后死亡。出现上述情况即可说明成年蜂可能患病，需要进一步确诊。

（2）提取蜜蜂子脾观察封盖子是否整齐成片　蜂王作为蜂群中唯一具有产卵繁殖能力的个体，其在产卵过程中一般会遵循一个固定的原则：在同一时间阶段产卵尽可能集中在一个连续的区域，即在一张子脾上多数的卵或幼虫的龄期大致相同，直接的表现是大部分的封盖子（蛹期）连成一片。但当幼虫染病后，大量的幼虫会出现死亡，而工蜂会将死亡幼虫及时清理出巢房。当蜂王发现这些分散排列的巢房没有卵或幼虫时，会立刻在其中重新产卵，从而出现已封盖巢房的周围间断穿插有未封盖的卵或幼虫的现象，俗称为"插花子脾"。当出现"插花子脾"这种现象时，说明蜜蜂的幼虫可能患病，需要进一步诊断。

（3）观察蜂王的活性　蜂王在蜂群中具有不可代替的作用，它不同于数量众多的工蜂，所以在蜂群管理时应随时观察蜂王的活动是否存在异常，以判断蜂王是否患病。蜂王常见的异常现象包括：行动迟缓、停止产卵、身体变色等。

2. 蜜蜂个体观察

在观察到蜂群出现异常情况后，下一步就应细化到蜜蜂个体的观察，通过一些蜜蜂个体的典型症状初步判断蜜蜂患病的种类。

（1）首先判断该病害是否具有传染性　要确定病害是否具有传染性，判断标准较为简单。传染性病害的病原传播具有一定的区域性和延时性，经常由一群或少数几群感染而产生更为大量的病原微生物，并扩散至四周，由近及远地感染发病蜂群周围的健康蜂群。直接的表现是个别蜂群先发病，逐渐其他周围蜂群也表现相同的症状。非传染性病害则与之表现不同，由于其没有传染源，故没有相互感染的过程发生，发病的蜂群较为固定，往往是全场蜂群突然同时发病，或者始终是个别蜂群表现异常。

（2）符合传染性病害判断标准的进入此步骤　在蜜蜂病虫害中，一种病原常只会引起蜜蜂的某个虫态产生异常并表现出发病症状，也就是说使幼虫患病的病原多无法感染成年蜂使之发病，感染成年蜂的病原一般也不会造成蜜蜂幼虫患病。由此，区分病原可以先从蜜蜂发

病的虫态入手。

1）幼虫期病害。蜜蜂幼虫期能够感染并造成死亡的病害主要有五种：病毒性的囊状幼虫病、细菌性的欧洲幼虫腐臭病和美洲幼虫腐臭病，以及真菌性的白垩病和黄曲霉病。

对于蜜蜂幼虫病，可以先通过表2-1进行初期判断和然后再结合后面章节中详细的诊断方法进行确诊。

表2-1　蜜蜂幼虫期病害

症　状		病 害 名 称
小幼虫（封盖前4～5日龄）死亡		欧洲幼虫腐臭病
大幼虫（5～6日龄）或封盖后蛹死亡	封盖下陷并有针眼状穿孔，幼虫尸体紧贴巢房壁不易清理，腐烂的虫体可拉出2～3厘米长的细丝，有鱼腥味，干燥的幼虫尸体用紫外灯照射有荧光	美洲幼虫腐臭病
	幼虫头部朝向巢房盖，两头翘起呈龙船状，表皮内充满液体，无臭味，夹出的虫体呈水袋状，无黏性，易清理	囊状幼虫病
	幼虫死亡后呈白色或黑色石灰石状	白垩病
	幼虫死亡后身体上长满黄绿色粉状物	黄曲霉病

2）成年期病害。在我国成年蜂病害主要有：病毒性的慢性麻痹病、细菌性的蜜蜂副伤寒病和蜜蜂败血症，以及蜜蜂螺原体病、蜜蜂孢子虫病等。由于成年蜂患病后症状表现往往比较相似，所以通过表2-2进行症状比较后还需要进一步进行病原学诊断。

表2-2　蜜蜂成年期病害

症　状	病 害 名 称
体表绒毛脱落，体色发黑（油炸蜂），翅膀与身体不停抖动	麻痹病
肢体麻痹，腹泻，病蜂死亡后肢体关节处分离	败血症
行动迟缓，死蜂双翅展开，喙伸出	螺原体病
中肠为苍白色，无光泽，环纹与弹性都已消失，后肠积粪	孢子虫病

（3）**符合非传染性病害判断标准的进入此步骤**　一般造成非传染性的病害主要有以下几种因素：生理因素、环境因素、中毒。在进行判断时首先需要区分是中毒还是其他因素病害。具体的判定方法可参考表 2-3。

表 2-3　非传染性病害

<table>
<tr><th colspan="2">症　　状</th><th>病害名称</th></tr>
<tr><td rowspan="8">突发性，环境温湿度正常，全部蜂群都出现相同症状</td><td colspan="1">环境出现突然性急冷后个别弱群边脾幼虫死亡，死亡幼虫位于子脾的四周</td><td>冻伤幼虫</td></tr>
<tr><td colspan="1">多为新出房幼蜂异常，腹部膨大，中后肠充满花粉</td><td>花粉中毒</td></tr>
<tr><td colspan="1">所有成年蜂均出现异常，腹部膨大，蜜囊膨大，体色变黑发亮，后肠呈蓝黑至黑色</td><td>甘露蜜中毒</td></tr>
<tr><td rowspan="3">多为采集蜂异常</td><td>突然大量集中死亡，箱底大量死蜂，腹部不膨大，死蜂双翅张开，腹部向内弯缩，喙伸出，中肠缩短</td><td>化学药物中毒</td></tr>
<tr><td>行动呆滞，腹部不膨大，中肠无变化</td><td>花蜜中毒</td></tr>
<tr><td>腹部膨大，死蜂双翅张开，喙伸出，腹部向内弯缩，5～6 月发病，周围有大面积枣花</td><td>枣花中毒</td></tr>
<tr><td rowspan="2">幼虫或幼蜂异常</td><td>周围有大面积茶花，发生于 9～11 月，蜂箱内有明显酸臭味，大批已封盖幼虫死亡</td><td>茶花中毒</td></tr>
<tr><td>附近有大面积油茶，发生于 10～12 月，幼虫与成年蜂均有异常，大批已封盖幼虫死亡，蜂箱内有明显酸臭味，颤抖，成年蜂腹部膨大</td><td>油茶中毒</td></tr>
</table>

综上所述，通过这种先蜜蜂群体再蜜蜂个体的方法，可迅速对蜜蜂常见病害做出诊断。采用这种步骤的优点如下。

1）只有发现蜂群出现异常才启动检索程序，减少了养蜂人员的劳动量和对蜂群的干扰。

2）这种先根据典型症状进行分类鉴别的方法，可大幅缩小怀疑的范围，甚至可以达到确诊的目的，提高了病害诊断的准确性。

二、蜂药使用原则

1. 严格对症下药

使用蜂药时要严格掌握适应症，针对不同的病原选用不同的药物。对于蜜蜂细菌性病害，可选用土霉素、红霉素、四环素等抗生素；对于真菌性病害，可选用制霉菌素、灰黄霉素、二性霉素 B 等抗真菌类药物；对于病毒性病害，可选用肽丁胺等抗病毒类药物；对于螨类敌害，可选用氟胺氰菊酯（螨扑）等；对于孢子虫病，可选用柠檬酸等酸性饲料。非科学用药不但不治病，反而延误病情，造成经济损失，还会引起蜂产品污染。

2. 用量应适当，疗程应充足

抗菌药物的使用剂量不宜太小或太大：剂量过小起不了治疗效果，还会形成病原耐药性；剂量过大，不但造成浪费，还可引起严重蜂产品污染，也可能造成蜜蜂不适。通常，开始治疗时剂量宜稍大些，后续可根据病情减少药量。当然，对急性细菌性传染病，使用剂量应增大。

抗菌药物的疗程须充足，通常蜜蜂细菌性病害应连续用药 4 天左右，直至症状消失后再用药 1～2 天，目的是彻底治愈，切忌过早停药，否则会引起疾病复发。

3. 用药时期要适时，药物配制要合理

用药的时期选择要适时科学，最好根据病害流行季节特点进行。

1）防治蜂螨病宜选择在早春或者晚秋时节，这个时候蜂螨无处可藏，便于彻底消灭。

2）治疗中蜂囊状幼虫病最好选在蜜蜂繁殖期，因为中蜂囊状幼虫病在春繁和秋繁时最易发病。

用药时，应根据药物种类合理配制药物。通常，液剂和粉剂可按照一定的比例直接兑入，片剂可研磨成粉末使用，中草药类可煎熬后使用。

　　另外，要严格根据生长期、疾病类型进行用药方法的选择，一般的方法主要有饲喂、喷洒和熏蒸。成年蜂的细菌性传染病一般多采用饲喂的方式，这样既方便又节省时间，而且可以在较短的时间内使所有的发病蜂群都接触到药物；幼虫的细菌性疾病最好采用喷脾与饲喂相结合的方式，这样可以使药物分布得相对均匀，蜜蜂幼虫可以尽可能早地接触到治疗药物。无论采用何种用药方法治疗疾病，都要避免直接对着幼虫和蜂王用药，药物要现配现用，以免药物存储时间过长而失效。

4. 强调综合防治

　　为了确保蜂群取得更好的治疗效果，在使用抗菌药物同时，可以结合改善饲养管理方式，增强蜜蜂本身的抵抗能力。另外要注意蜂场消毒，控制病原的进一步扩散。

三、防止蜂药污染蜂产品的措施

　　1）在蜜源植物大流蜜期的前 1 个月内，不要使用任何抗生素类、治螨类等药物，以避免药物在蜂蜜中残留及抗生素超标。

　　2）如果已经使用过药物，在大流蜜初期必须要彻底清除蜂箱中的存蜜，这样不但起到治疗疾病的作用，而且可防止蜂药残留或抗生素的超标。摇出的含蜂药残留的蜂蜜要另行处理，不可混同于商品蜜。分离出的蜂蜜如果要继续使用，必须经过煮沸消毒，时间必须保持 40 分钟以上，然后再饲喂蜂群。

　　3）杀螨药"螨扑"或杀巢虫药"巢虫片"要严格按使用说明使用，"螨扑"在巢房中挂 3 周后要及时取出，不可长期留在蜂箱中。另外，在蜂蜜生产季节治螨时不能使用"螨扑"，以防氟胺氰菊酯在蜂产品中残留。

第三章　蜜蜂细菌性传染病的诊治

一、美洲幼虫腐臭病

美洲幼虫腐臭病又叫"烂子病"和"臭子病"，是由拟幼虫芽孢杆菌引起的发生于蜜蜂幼虫和蛹的一种细菌性急性传染病。其主要特征是：子脾出现"花子"，严重时患病蜂群只见卵虫不见封盖，或少量封盖，且封盖下陷并有针眼状穿孔。

【流行特点】

美洲幼虫腐臭病容易感染西方蜜蜂，也有报道东方蜜蜂中的印度蜂感染该病，但中华蜜蜂至今尚未见该病发生。该病目前广泛发生于温带与亚热带地区的几乎所有国家，在新西兰、夏威夷、西印度群岛的一些地方也有发生，我国西方蜜蜂饲养区也时有该病发生。美洲幼虫腐臭病的发生没有明显的季节性，只要蜂巢内有幼虫，长年均可发生。该病主要通过幼虫的消化道感染，病虫和病尸是该病主要的传染源，它们污染巢脾和饲料，内勤蜂在清理巢房和病尸时成为带菌者，再通过饲喂将病原菌传递给健康的幼虫，幼虫取食了被污染的食物中的芽孢而被侵染。病菌从消化道进入幼虫体内，但不在消化道中繁殖，而是进入血淋巴大量繁殖，引起幼虫发病死亡。幼虫死亡后，细菌开始形成芽孢，1只幼虫尸体内，大约可形成25亿个芽孢。管理人员不注意卫生消毒和管理方法，健康群和患病群混用蜂具、调换巢脾，迷巢，盗蜂，蜡螟、蜂螨的寄生等，都会造成该病的传播。孵化后24小时的小幼虫最容易感染，老熟幼虫、蛹、成年蜂都不易患该病。患该病轻时影响蜂群的繁殖和生产，严重时会造成全群甚至全场蜂群覆没。患该病的病群在大蜜源流蜜期病情有时会减轻，甚至"自愈"，主要是由于"蜜压子"、病原被花蜜稀释、蜂群兴奋、清理巢的能力变强等原因减少了幼虫被芽孢侵染的机会。但是在一个蜂群中，若病虫数量在百只以上，通常情况下，侵染将迅速传播，并使蜂群灭亡。

【症状】

该病常使 2 日龄幼虫感染，5~6 日龄幼虫发病，但不表现明显症状，往往在预蛹期表现出明显症状。主要症状是末龄幼虫和蛹死亡（彩图 3-1），死亡幼虫和蛹的蜡盖颜色变暗，房盖下陷（彩图 3-2），呈湿润状，后期封盖巢房常被工蜂咬破出现针头大的穿孔（彩图 3-3）。子脾上出现空巢房、卵、幼虫、封盖子相间的"插花子脾"（彩图 3-4），蜂群出现见子不见蜂的现象。死亡幼虫体色失去正常白色，从正常的珍珠白变为黄褐色、浅褐色（彩图 3-5），虫体逐渐失水萎缩，下沉至后端，横卧于蜂房内呈棕色至咖啡色，并有黏性，用小棍挑起可拉 2~3 厘米长的丝（彩图 3-6），有特殊的鱼腥臭味。检查时背对太阳，并慢慢折动巢脾，当太阳光照到巢房下侧壁的死亡幼虫体时，可见患病的幼虫呈浅黄色或黄色。幼虫干瘪后变为黑褐色，呈鳞片状紧贴于巢房下侧房壁上，与巢房颜色相同，难以区分，也很难取出（彩图 3-7）。患病的大幼虫偶尔也会长到蛹期以后才死亡，这时蛹体失去正常白色和光泽，逐渐变成浅褐色，虫体萎缩（彩图 3-8）、中段变粗、体表条纹凸起、体壁腐烂，初期组织疏软，体内充满液体且易破裂，之后逐渐出现上述拉丝、发臭等症状，蛹死亡干瘪后，吻向上方伸出，形如舌状（彩图 3-9）。

【类症鉴别】

美洲幼虫腐臭病、欧洲幼虫腐臭病及囊状幼虫病的鉴别见表 3-1。

表 3-1 美洲幼虫腐臭病、欧洲幼虫腐臭病及囊状幼虫病的鉴别

病名	易感蜂群	患病幼虫形态	气味	黏性	危害时间	蜂房位置	房盖	病原
美洲幼虫腐臭病	多发生于西方蜜蜂，东方蜜蜂中的印度蜂也有发生	鱼鳞状	腥臭味	有	老熟幼虫和封盖幼虫	紧贴房底	有针尖大的穿孔	拟幼虫芽孢杆菌

（续）

病名	易感蜂群	患病幼虫形态	气味	黏性	危害时间	蜂房位置	房盖	病原
欧洲幼虫腐臭病	东方蜜蜂发病比西方蜜蜂严重得多	螺旋状或无一定形状	酸臭味	无	2～4日龄幼虫	不固定	有针尖大的穿孔	蜂房球菌
囊状幼虫病	西方蜜蜂感染后容易自愈，东方蜜蜂对该病抵抗力弱	龙船状、盘状	无	无	5～6日龄幼虫	蜂房底部	有小钉子大的穿孔	囊状幼虫病毒

【诊断】

（1）**典型的症状诊断**　从可疑患病蜂群中抽出封盖子脾1～2张，若发现5～6日龄的大幼虫或封盖后的蛹患病，烂虫有腥臭味，有黏性，可拉出2～3厘米长的丝，幼虫尸体紧贴巢房壁不易清理，死蛹吻前伸，如舌状，封盖子湿润、色暗，房盖下陷或有穿孔等典型症状，即可做出初步诊断。

（2）**生化反应诊断**（牛奶试验）　诊断方法为：在虫尸上加6滴74℃的热牛奶，1分钟后牛奶凝结，随即凝乳块开始溶解，15分钟后，全部溶尽。这个现象是由拟幼虫芽孢杆菌形成芽孢时释放的稳定的水解蛋白酶引起的。应特别注意的是，巢内贮存的花粉也会有这种反应，取干虫尸时应特别注意。

（3）**荧光检查诊断**　将干燥的鳞片状物置于紫外灯下，能产生强烈的荧光。

【预防】

由于美洲幼虫腐臭病的病原幼虫芽孢杆菌可以形成芽孢，而芽孢对于外界不良环境具有很强的抵抗力，因此给防治工作带来了一定的难度。对患该病的蜂群一般采用烧毁并深埋的办法根除病原，同时养蜂者要采用预防为主、综合防治的措施。

（1）**加强消毒**　做好蜂场的日常消毒工作，定期清除巢门前杂

第三章

草、垃圾和死蜂等，并集中烧毁或埋掉。

（2）加强检疫　发现染病蜂群要及时隔离，封锁疫区，就地治疗，控制病群的流动。如果患病严重，应将病群全部焚烧并深埋，其余的巢脾、蜂箱、隔板等彻底消毒。巢脾和蜂箱可以用福尔马林溶液熏蒸 24～48 小时的方法消毒。巢脾和其他蜂具也可用 4% 福尔马林溶液（1 份福尔马林原液加 9 份水）、3% 乙酸或甲酸溶液、5% 漂白粉溶液、3%～5% 食用碱溶液浸泡 24 小时的方法进行消毒。消毒时要注意：福尔马林对人的眼、鼻、口腔黏膜有刺激性，使用时要戴胶皮手套和口罩。蜂箱可用喷灯火焰灼烧箱体内壁或用燃烧的稻草烘烤箱底和内壁。工作服、面网等煮沸 30 分钟。分蜜机用 5% 食用碱热溶浸泡 6 小时，然后冲洗干净。处理完后，工作人员要用肥皂洗手，换工作服后再接触健康蜂群。

（3）加强饲养管理　蜂群内应保持有充足的饲料，来路不明的蜂蜜、花粉不能用作饲料；及时控制群内的螨害，因研究发现蜂螨能携带、传播病原菌；养强群，增强蜂群自身的抗病性。

（4）培育抗病品种　美国已培育出抗美洲幼虫腐臭病的"褐系"蜜蜂，该系蜂种的清巢能力较强，能很快清除巢内的病蜂、死蜂。

【治疗】

红霉素治疗美洲幼虫腐臭病有良好效果，土霉素、青霉素也是治疗该病的有效药物，一些中草药配方也可治疗该病。

（1）西药配方　每 10 框蜂用红霉素 0.05 克，加 250 毫升 50% 的糖水饲喂，或用 250 毫升 25% 的糖水喷脾，每 2 天喷 1 次，5～7 次为 1 个疗程；也可用盐酸土霉素可溶性粉 200 毫克（按有效成分计），加 250 毫升 50% 的糖水喂蜂，每 4～5 天喂 1 次，连喂 3 次；还可用青霉素 80 万单位，加入 20% 的糖水中喷脾，隔 3 天喷 1 次，连喷 2 次。上述药物要随配随用，防止失效。也可将上述药量的药物粉碎拌入适量花粉（10 框蜂取食 2～3 天量），用饱和糖浆或蜂蜜揉至面粉呈团状，不粘手即可，置于巢框的框梁上，供工蜂搬运饲喂。

（2）中草药配方

① 金银花 20 克，板蓝根 12 克，大青叶 15 克，枯芩 15 克，滑石

第三章

20 克，栀子 12 克，茯苓 10 克，连翘 12 克，蒲公英 15 克，甘草 6 克，煎汤，配饱和糖浆可饲喂 3~5 群蜂，隔 2 天喂 1 次，连喂 3 次。

②栀麦片 3 片，牛黄解毒片 3 片，维生素 C 6 片，复合维生素 B 2 片，酵母片 3 片，磨粉，拌入花粉或配制糖浆，饲喂 2 群蜜蜂，隔 3 天喂 1 次，连喂 2 次。

③金银花 20 克，海金沙 15 克，半枝莲 15 克，当归 10 克，甘草 20 克，煎汤，配糖浆饲喂 3~5 群蜂，隔 2 天喂 1 次，连喂 3 次。

　　治疗该病必须结合换箱换脾，否则病害极易复发，靠一味地使用抗生素，仅能暂时控制病情，因为抗生素无法杀死病菌的芽孢。原病群中的贮蜜不得作为其他蜂群的饲料，因为病群贮蜜中含有大量病菌的芽孢，而芽孢恰恰是该病发生的主要因素。在蜂群繁殖季节，可采用抗生素治疗，但在进入采集期前 45~60 天应立即停药，防止药物残留。在采集期内发病的蜂群，若采用抗生素治疗，应立即退出生产。

二、欧洲幼虫腐臭病

　　欧洲幼虫腐臭病是由蜂房球菌等引起的一种蜜蜂幼虫的细菌性传染病。其主要特征是：巢脾出现"花子"，蜂群只见卵、虫，不见封盖子，患病幼虫有酸臭味，群势急剧下降。

【流行特点】

　　该病广泛发生于世界几乎所有的养蜂国家。该病害传播快、危害性大，不仅西方蜜蜂感染，东方蜜蜂（特别是中蜂）发病比西方蜜蜂严重得多。病害的发生有明显的季节性。在我国南方，一年当中有 2 次发病高峰，一次是 3 月初至 4 月中旬，另一次是 8 月下旬至 10 月初，基本上与春繁和秋繁时间一致。繁殖期刚开始时，蜂群内幼虫数量少，哺育蜂较多，提供给幼虫的营养丰富、充足，幼虫发育健康，抗病性强，如有少量病虫也很快被清除。随着繁殖高峰期的到来，幼虫数量猛增，提供给幼虫的营养远不如繁殖初期，同时内勤蜂清除不及时，病害就会变得严重。在同样条件下，弱群的发病速度比强群快，这与弱群幼虫获得的营养不足，死虫清除不及时有关。当大流蜜期到来时，由于蜂群内哺育幼虫数量减少，故少量的幼虫可获得充足的营养，健康发育，极少量病虫也被及时发现、清除，病害似乎"自愈"了，可往往随采蜜期过后，开始繁殖下一次适龄采集蜂时，病害又开始了。子脾上的病虫及幸存的病虫是主要的传染源，病原主要经消化道进入体内，在中肠腔内大量繁殖，通过病虫粪便排出体外，污染巢房。内勤蜂在清洁巢房、虫尸，哺育幼虫时，将病原传播给健康幼虫。工作人员调整群势、混用蜂具，以及盗蜂、迷巢蜂等造成病害在蜂群间传播。

【症状】

欧洲幼虫腐臭病一般只感染 1 ~ 2 日龄的幼虫，经过 2 ~ 3 天潜伏期，幼虫多在 4 ~ 5 日龄死亡（彩图 3-10）。患病后，虫体失去光泽，浮肿发黄，从珍珠般白色变为浅黄色、黄色、浅褐色，直至黑褐色。变褐色后，幼虫褐色的气管系统清晰可见（彩图 3-11）。随着患病幼虫变色、塌陷，虫体蜷曲，有的紧缩在巢房底，有的两端向着巢房口（彩图 3-12），随后病虫体节逐渐消失。死亡后腐烂的尸体有黏性，但不能拉成细丝，有酸臭味（彩图 3-13）。虫尸干燥后变为深褐色，成为无黏性、易清除的鳞片。发病初期，由于少量幼虫死去，随即被工蜂清除，蜂王再次产卵，所以子脾上呈现空房状及不同日龄幼虫错杂在一起的"花子"现象。严重时，巢内只见卵、虫，不见封盖子（彩图 3-14），群势下降快，幼虫全部腐烂发臭，造成蜜蜂离脾、飞逃。

【类症鉴别】

欧洲幼虫腐臭病与美洲幼虫腐臭病均是幼虫患病，欧洲幼虫腐臭病是小幼虫死亡，美洲幼虫腐臭病大多是大幼虫死亡，还有部分是封盖后蛹死亡；二者均有"插花子脾"、群势下降、特殊的臭味等症状，但患病严重时美洲幼虫腐臭病见子不见蜂，欧洲幼虫腐臭病见卵、虫，不见封盖子；美洲幼虫腐臭病烂虫能"拉丝"，具有腥臭味，欧洲幼虫腐臭病烂虫不能"拉丝"，具有酸臭味；美洲幼虫腐臭病虫体失水干瘪，最后成为紧贴于巢房壁的、黑褐色的、难以清除的鳞片状物，欧洲幼虫腐臭病虫体在巢房底部腐烂、干枯，成为无黏性、易清除的鳞片。

【诊断】

(1) 症状诊断　先观察脾面是否"花子"，再检查是否有移位、扭曲或腐烂于巢房底的典型症状小幼虫，可做出初步诊断。

(2) 生化反应诊断（牛奶试验）　挑出可疑病虫进行牛奶试验，具体方法参见"美洲幼虫腐臭病"。欧洲幼虫腐臭病的牛奶试验为阴性，牛奶不会在短时间内产生坚固的凝乳块。

【预防】

(1) 抗病育种　选育对病害敏感性低的品系，可提高蜂群抵抗欧洲幼虫腐臭病的能力。

(2) 加强饲养管理　由于欧洲幼虫腐臭病的发生与环境及蜂群条件的关系比较密切，蜂巢过于松散、保温不良、饲料不足，都会使蜂群的抗病能力明显下降，从而诱发该病。因此，春季要合并弱群，密集群势，加强保温，要保证蜂群有充足的饲料，以提高蜂群的抗病能力。

(3) 加强预防，切断传染源　平时要注意蜂场和蜂群的卫生，定期消毒。小范围发病时，可将巢脾烧毁深埋。

(4) 定期换王　换王能够打破群内育虫周期，可以给内勤蜂足够时间清除病虫和打扫巢房。

【治疗】

土霉素或四环素对治疗欧洲幼虫腐臭病有良好效果，一些中草药配方也可治疗该病。

(1) 西药配方　每 10 框蜂用土霉素 0.125 克（或四环素 0.125 克），加 250 毫升 50% 的糖浆喂蜂，每 2 天喂 1 次，3 次为 1 个疗程。将上述药量的药物研碎后加入花粉中，做成饼喂蜂，也有同样疗效。

(2) 中草药配方

① 黄芩 10 克，黄连 15 克，加水 250 毫升，煎至 150 毫升，可进行脱蜂喷 10 脾，隔天喷 1 次，连续喷 3 次。

② 黄连 20 克，黄檗 20 克，茯苓 20 克，大黄 15 克，金不换 20 克，穿心莲 30 克，银花 30 克，雪胆 30 克，青黛 20 克，桂圆 30 克，五加皮 20 克，麦芽 30 克，加水 2500 毫升，煎熬半小时滤渣，取药液加入 3 千克饱和糖浆，可喂 80 脾蜂，每 3 天喂 1 次，4 次为 1 个疗程。

注意

　　西方蜜蜂患欧洲幼虫腐臭病一般不严重，内勤蜂可较彻底地清除病虫，多数蜂群可自愈，所以基本上不用采取防治措施。而中蜂患欧洲幼虫腐臭病常十分严重，严重影响春繁及秋繁，而且病群几乎年年复发，难以根治。但由于病原对抗生素敏感，用药物较易控制。需注意的问题是，要合理用药，采集前 45 ~ 60 天停药，严防抗生素污染蜂蜜。

三、蜜蜂败血病

蜜蜂败血病是由蜜蜂败血杆菌引起的成年蜂病害。

【流行特点】

该病目前广泛发生于世界各养蜂国，多发生于西方蜜蜂。在我国北方沼泽地带，该病时有发生。蜜蜂败血杆菌广泛存在于自然界中，特别是污水和土壤中。蜜蜂在采集污水或爬行、飞行时被该菌污染并将病菌带回蜂箱中。病菌可以通过各种途径，特别是通过节间膜或气门侵入蜜蜂体内。败血病多发生于春、夏季节。高温潮湿的气候，蜂箱内外和蜂箱放置地面不卫生，蜂场低洼潮湿，越冬窖内湿度过大，饲料含水量过高，饲喂劣质饲料等，均为该病的诱发因素。

【症状】

开始发病时其症状不易被察觉，继而病蜂烦躁不安，不取食，无力飞翔，但死蜂不多。病情发展很迅速，只需 3 ~ 4 天就可使全群蜜蜂死亡。死蜂颜色变暗、变软，肌肉迅速腐败，肢体关节处分离，即死蜂的头、胸、腹、翅、足分离，甚至触角及足的各节也分离。解剖病蜂，其血淋巴变为乳白色、浓稠状。

【类症鉴别】

蜜蜂败血病主要感染成年蜂，死蜂肢体关节处分离的典型症状可区别于其他成年蜂病。

【诊断】

根据死蜂颜色变暗、变软，肌肉迅速腐败，肢体关节处分离，即死蜂的头、胸、腹、翅、足分离，甚至触角及足的各节也分离的典型症状，可基本诊断为该病。

【预防】

1）蜂场避开污水、沼泽处，选择干燥向阳、通风良好的地方。

2）蜂群内注意通风降湿。

3）蜂场内设置清洁水源，防止蜜蜂外出采集污水。

【治疗】

（1）西药配方 蜜蜂败血杆菌对多种抗生素都比较敏感，可在500毫升糖浆（糖水比为1:1）中加入土霉素0.25克（或硫酸链霉素0.15克），喂蜂10脾，每天喂1次，连续治疗5~7次。

（2）中草药配方 马齿苋30克（鲜草为100克），蒲公英50克，穿心莲15克，加水煎至250毫升，取药液加入1千克饱和糖浆，可喂10脾蜂，每3天喂1次，4次为1个疗程。

患病严重的蜂箱要换箱、换脾，消毒灭菌。蜜蜂败血杆菌对漂白粉敏感，可以使用5%漂白粉溶液浸泡蜂具，喷洒蜂场、越冬室等。采集期前45天停药。在采集期内发病的蜂群，若采用抗生素治疗，应立即停止采集。

四、蜜蜂副伤寒病

蜜蜂副伤寒病也叫"下痢病"，是由蜂房哈夫尼菌引起的一种成年蜂病害。

【流行特点】

蜜蜂副伤寒病在世界许多养蜂国家都有发生，我国也有发生，多发生于西方蜜蜂。该病是蜂群越冬期的一种常见传染病，常见于冬末、春初，造成成年蜂严重下痢死亡。蜂房哈夫尼菌主要生存于污水坑中，蜜蜂采水时病菌从消化道进入体内，在肠道大量繁殖，并通过粪便排出体外，污染饲料和巢脾等，使其他健康蜜蜂染病。工作人员调换巢脾，以及迷巢蜂或盗蜂活动，都会造成该病蔓延。冬、春季节阴冷潮湿的越冬室，多雨季节或夏季气温骤降都会诱发副伤寒病。副伤寒病的潜伏期为 3~14 天，死亡率高达 50%~60%。

【症状】

蜜蜂副伤寒病没有特殊的外表症状，病蜂腹部膨大，体色发暗，行动迟缓，体质衰弱，有时肢节麻痹、腹泻等，患病严重的蜂群箱底或巢门口死蜂遍地，而这些症状在其他蜂病中也常常遇到。患病蜂群在早春飞行排泄时，排出许多非常黏稠、半液体状的深褐色粪便。检查蜂箱内部，可发现尚有足够的饲料贮备，但全部巢脾均被粪便污染。病蜂排泄物大量聚集之处，发出难闻的气味。拉出病蜂的消化道观察，可见肠道呈灰白色，肿胀无弹性，其内充满棕黑色的稀糊状粪便。

【类症鉴别】

蜜蜂副伤寒病与慢性麻痹病症状相似，两者都有腹部膨大及肢节麻痹症状，但慢性麻痹病的病原主要侵害蜜蜂的脑和神经节，所以病蜂的症状以神经症状为主，如身体和翅颤抖、肢节麻痹等，而消化道症状为辅；副伤寒病的病原主要侵害病蜂的肠道，所以以消化道症状为主，其他症状为辅。两者都有下痢症状，但副伤寒病下痢症状很明显，开箱后可见巢脾、饲料被粪便污染的情况。两者发病时间不同，慢性麻痹病多发于春、秋两季，温度和湿度适宜的气候；而副伤寒病属于越冬期传染病，多发于冬、春季节，特别是阴冷多雨的春季。

【诊断】

根据病蜂腹部膨大、体色发暗、行动迟缓、肢节麻痹、腹泻等症状，开箱检查时巢脾被粪便污染等情况，以及解剖肠道时肠道呈灰白色、肿胀无弹性，其内充满棕黑色的稀糊状粪便的病理变化，结合流行病学特点基本可以做出诊断。

【预防】

留用优质越冬饲料，蜂群越冬环境应选择背风向阳、干燥的地方，蜂场设置清洁的水源，晴暖天气应促进蜂群飞行排泄。

【治疗】

(1) 西药配方 土霉素0.25克或硫酸链霉素0.15克，混入500毫升糖浆（糖水比为1:1）中，喂蜂10脾，每天喂1次，连续喂5~7次。

(2) 中草药配方 蒲公英50克，菊花20克，穿心莲15克，加水煎至250毫升，取药液加入1千克饱和糖浆，可喂10脾蜂，每3天喂1次，4次为1个疗程。

> 蜜蜂副伤寒病的病原为革兰阴性菌。该菌对外界不良环境的抵抗力很弱，在沸水中可存活1~2分钟，在58~60℃的水中只能活30分钟，在40%福尔马林蒸气中6小时即可被杀死，因此该病要以预防为主。

五、蜜蜂螺原体病

蜜蜂螺原体病是由蜜蜂螺原体病原危害成年蜂的一种病害。

【流行特点】

蜜蜂螺原体病于1976年在美国马里兰州首次被发现，目前已在北美洲、欧洲、亚洲被发现。该病在我国是于1988年首先出现于浙江，而后迅速蔓延至江苏、四川、江西、安徽、湖南、湖北、河南、河北、宁夏、山东、辽宁、吉林、福建、陕西、北京和天津等地。该病目前仅发生于西方蜜蜂，且发病季节明显，主要在早春蜜蜂春繁季节。阴雨天和寒流后发病严重，使用代用饲料、劣质饲料作为蜂群越冬饲料的蜂群发病严重。长期转地饲养的蜂群较定地饲养的发病率高且病情重。另外，只在开花期进行王浆生产的蜂群较长年连续生产王浆的蜂群的抗病力强，且发病少。该病的流行随着蜜源植物的花期由南向北进行传播，江浙地区每年4~5月为发病高峰期，当油菜花期结束时病情趋于好转；华北地区，发病高峰期出现在6~7月的刺槐和荆条花期，尤其在荆条花期时病情最严重。

【症状】

病蜂腹部膨大，行动迟缓，翅微卷、下垂，不能飞翔，只能在蜂箱周围地面爬行。三五成堆聚集在土洼或草丛中，抽搐死亡。死蜂双翅展开，吻吐出。解剖病蜂，发现其中肠变白、肿胀，环纹消失，后肠积满绿色水样粪便。

【类症鉴别】

蜜蜂螺原体病与蜜蜂中毒症状相似，两者均有死蜂双翅展开和吻吐出的症状，但患蜜蜂螺原体病的病蜂在地上不旋转、不翻跟斗，且蜂巢内秩序正常；中毒蜜蜂往往很不安静，性情暴烈，常追蜇人畜，死蜂有的还带有花粉团。两者中肠环纹均消失，患蜜蜂螺原体病的蜜蜂中肠变白、肿胀，后肠积满绿色水样粪便；中毒蜜蜂中肠已缩短到3~4毫米，肠道空。蜜蜂螺原体病主要危害成年蜂；蜜蜂中毒除了危害采集蜂外，子脾上幼虫有时出现"跳子"现象。

【诊断】

根据病蜂腹部膨大、行动迟缓、爬行、集聚抽搐死亡、死蜂展翅吐吻等症状，开箱检查时巢脾被粪便污染等情况，以及中肠变白、肿胀、环纹消失，后肠积满绿色水样粪便的病理变化，结合流行病学特点可进行初步诊断。

【预防】

该病单独出现较少，多与其他蜜蜂病害混合发生，需防治结合。

（1）**优选原则**　选育抗病蜂种，饲喂优质无污染的饲料，选择无病原的放蜂场地，并做好饲养管理工作。

（2）**严格消毒**　除平时做好消毒工作外，在冬春季节需对巢脾、蜂具、场地和越冬场所进行严格的消毒。

【治疗】

首先换出病群的箱脾，用福尔马林加高锰酸钾蒸气密闭消毒，将四环素（0.125克/10框蜂）调入适量花粉（10框蜂取食2~3天量）中，用饱和糖浆或蜂蜜揉至面粉团状，不粘手即可，置于巢框的框梁上，供工蜂搬运饲喂，隔3天喂1次，连喂2次；也可用50~100克生姜煎汁，再与10千克糖浆混匀后喂蜂，用量为每群300~500毫升，每天 1 次，连喂 5 ~ 10 天；还可将 50 ~ 100 克蒜和 50 克甘草在 200 毫升白酒中浸泡 15 天，然后取上清液与 10 千克糖浆（糖水比为 1∶1）混匀后喂蜂，用量为每群 0.3 ~ 0.5 千克，每天 1 次，5 次为 1 个疗程，连喂 2 个疗程。

采集期前 45 天应停止用药，在采集期内发病的蜂群，若采用抗生素治疗，应立即退出采集。蜂群越冬前的管理十分重要，要留足优质饲料，不用代用品。越冬场所地势要高燥、通风，同时蜂群要做好保温。蜜源植物花是螺原体的主要传播媒介，被病菌污染的蜂具和饲料是传染源，平时要严格做好消毒工作。

第三章

第四章 蜜蜂病毒性传染病的诊治

一、囊状幼虫病

囊状幼虫病是由蜜蜂囊状幼虫病毒引发于蜜蜂的一种常见的恶性病，其主要特征是：受病毒感染的成年蜂不表现任何症状，主要是大幼虫或前期蛹死亡，封盖子脾下凹、穿孔，幼虫出现"尖头"现象。

【流行特点】

囊状幼虫病一年一般只有一个发病高峰，从越冬后蜂王重新产卵开始，至3~4月达到高峰期，因此时温度适宜、多雨潮湿，群内幼虫和成蜂比例大，哺育力、清巢速度、蜂群保温相对较弱。进入夏季，病害明显减轻并自愈。秋季极少发病，但秋季多雨，环境类似早春，也可见到病虫。患病幼虫及健康带毒的工蜂是主要传染源，通过消化道感染是病毒侵入蜜蜂体内的主要途径。该病毒可通过空气传播，蜂群内主要通过个体间食物传递进行传播。蜂群之间通过子脾、蜂具混用、操作人员带菌接触，以及迷巢蜂、盗蜂传播。

【症状】

患病初期的幼虫不封盖即被清除，蜂王重新在被清理的空巢房中产卵，造成许多巢房虫态不一，形成"花子"现象（彩图4-1）。病害严重时，由于病虫数量大，工蜂清理不及时，脾面上可见的典型病状为：发病幼虫初期与健康幼虫不易区别，随后体色逐渐由珍珠白变为黄色、黄褐色、褐色、甚至黑色；伴随体色变化，虫体逐渐软化，大量的液体聚积于病虫躯体和未蜕去的表皮之间（彩图4-2）；巢房不封盖或封盖被工蜂咬开（彩图4-3），可见"尖头"现象（彩图4-4）；

虫体水分不断蒸发，最后干燥成一片黑褐色的鳞片，贴于巢房的一边，头、尾部略上翘，形如"龙船状"（彩图4-5），腐烂虫体没有黏性，无臭味，易清除。患病严重的蜂群封盖子脾下凹，群势下降，生产力降低。

【类症鉴别】

囊状幼虫病与美洲幼虫腐臭病症状相似，二者均出现"花子"现象，但患囊状幼虫病的巢房幼虫出现"尖头"和"龙船状"现象，腐烂虫体没有黏性，无臭味，易清除。美洲幼虫腐臭病病虫体色有黄色、浅褐色、褐色、黑褐色，烂虫具有黏性，有腥臭味，用竹签挑，可拉出长丝，干瘪后形成难以清除的黑褐色鳞片状物。

【诊断】

在早春繁殖期蜜蜂开始采集时，可见工蜂从巢内拖出病死幼虫，蜂箱前也可见到散落的虫尸；打开蜂箱，提出封盖子脾，发现子脾上有"花子"现象或穿孔露出患病幼虫上翘的头部；拉取病虫，可见虫体呈明显的"囊袋状"，群内封盖子脾呈下凹状。根据上述症状可初步诊断为囊状幼虫病。

【防治】

（1）**西药配方**　按每10框蜂1片盐酸金刚烷胺片（0.1克），研成细末调入300～500毫升糖浆（糖水比为1:1）中喂蜂，每天喂1次，连喂5～7次为1个疗程，停药4～5天后可再喂1个疗程。同时也可合用一些磺胺药物，防止合并感染细菌性疾病。

（2）**中草药配方**

① 华千斤藤（海南金不换）10克。

② 半枝莲50克。

③ 板蓝根50克。

④ 五加皮30克，金银花15克，桂枝9克，甘草6克。

⑤ 贯众30克，金银花30克，甘草6克。

上述配方任选一种，经过煎煮、过滤、浓缩，配成1:1的白糖水500毫升左右，喂10框蜂，连续或隔天喂1次，4～5次为1个疗程，停药几天再喂 1 个疗程，直至痊愈。

注意

　　意大利蜜蜂的囊状幼虫病发病率低，发病程度很轻，一般只要蜂群做到蜂脾相称、密集群势，不必进行特别的防治。若特殊情况发病较重，再用药物治疗。

二、东方蜜蜂囊状幼虫病

　　东方蜜蜂囊状幼虫病是由中蜂囊状幼虫病毒引起发生于东方蜜蜂的一种高致病性的传染性病毒病，其主要特征是：成年蜂不表现任何症状，蜜蜂大幼虫或预蛹期死亡，子脾出现"花子""尖头"现象，患病幼虫呈囊状。

【流行特点】

　　该病的发生具有明显的季节性，在我国的南方多发生于 2～4 月和 11～12 月，北方多发生于 5～6 月。其发病率与外界气温和蜜蜂饲养条件有关，天气骤变、群势弱小或饲料不足都是发病的诱因。该病毒可通过空气传播，病死幼虫是主要的传染源，花粉、巢脾等是重要的病毒载体，患病幼虫及健康带毒的工蜂是该病主要的传染源，通过消化道感染是病毒侵入蜜蜂体内的主要途径。工蜂食入被病毒污染的蜂粮或清理病虫的过程中，成为健康带毒者。病毒在工蜂体内特别是王浆腺中增殖，当工蜂饲喂幼虫时就会将病毒传给健康的幼虫。外勤蜂采集了被病毒污染的花粉和花蜜，便将病毒带回蜂群，使该病在蜂群间传播，盗蜂、迷巢蜂、雄蜂、蟑螂和巢虫等也是该病毒的传播者。此外，在饲养管理过程中，使用被病毒污染的饲料，以及分蜂、混用蜂具和调蜂等也会造成人为污染，将病毒传给健康蜂群。转地放蜂是病害远距离传播的主要方式。

【症状】

　　蜂群发病初期，脾面上呈现卵、幼虫、封盖子排列不规则的现象，即"花子"症状（彩图 4-6）。当病害严重时，患病的大幼虫（5～6 日龄）死亡，30% 死于封盖前，70% 死于封盖后，巢房被咬开，呈"尖头"状（彩图4-7）；幼虫的头部有大量的透明液体聚积，用镊子小心夹住幼虫头部将其提出，幼虫呈明显的囊袋状（彩图4-8）。患病幼虫体色由珍珠白色变成黄色，继而变成褐色，随着虫体水分蒸发，会干成黑褐色的鳞片，头尾部略上翘，形如"龙船状"（彩图4-9）；封盖的病虫房盖下陷、穿孔（彩图4-10）；死虫体干后没有黏性，无臭味，易清除（彩图4-11）。成年蜂被病毒感染后，消化道中有大量的病毒粒子，损伤中肠细胞，寿命缩短，但外观不表现任何症状。

【类症鉴别】

东方蜜蜂囊状幼虫病与欧洲幼虫腐臭病症状相似，两者均感染中蜂幼虫。东方蜜蜂囊状幼虫病患病的幼虫体色由珍珠白色变成黄色，继而变成褐色，随着虫体水分蒸发，会干成黑褐色的鳞片，头尾部略上翘，形如"龙船状"，大部分死于封盖前后，封盖的巢房也会被咬开呈"尖头"状，幼虫的头部有大量的透明液体聚积，用镊子小心夹住幼虫头部将其提出，幼虫呈明显的囊袋状。欧洲幼虫腐臭病幼虫患病后失去光泽，浮肿发黄，从珍珠白色变为浅黄色、黄色、浅褐色，变褐色后，幼虫褐色的气管系统清晰可见，幼虫塌陷，虫体蜷曲，体节逐渐消失，在4~5日龄死亡，死亡腐烂的尸体有黏性，不能拉丝，具有酸臭味，虫尸干燥后变为深褐色，成为无黏性、易清除的鳞片。

【诊断】

在早春繁殖期见到工蜂从巢内拖出病死幼虫，蜂箱前可以见到散落的虫尸（彩图4-12）；打开蜂箱，提出封盖子脾，发现子脾上有"花子"现象或穿孔露出患病幼虫上翘的头部；拉取病虫可见虫体呈明显的囊袋状等典型症状，可初步诊断为东方蜜蜂囊状幼虫病。

【预防】

（1）选育优良蜂王　选抗病群（如无病群）作为父、母群，经连续选育，可逐渐获得抗东方蜜蜂囊状幼虫病的蜂群。

（2）严格消毒　一旦蜂群发病要及时隔离，蜂场和蜂具严格消毒，并用石灰水浸泡蜂具和对场地喷洒消毒，这样有利于病群康复和控制病害蔓延。

（3）加强管理 定期换王断子，使箱内缺少宿主，切断传播途径，减少主要传染源；饲养强群，早春繁殖期要做好保温，使蜂群密集，做到蜂脾相称；留足优良饲料提高蜂群对病害的抵抗力；将蜂群摆放于环境干燥、通风、向阳和僻静处饲养，使蜂群少受惊扰。

【治疗】

（1）西药配方 按每 10 框蜂 1 片盐酸金刚烷胺片（0.1 克），研成细末调入 300 ~ 500 毫升糖浆（糖水比为 1:1）中喂蜂，每天喂 1 次，连喂 5 ~ 7 次为 1 个疗程，停药 4 ~ 5 天后可再喂 1 个疗程。同时也可合用一些磺胺药物，防止合并感染细菌性疾病。

（2）中草药配方

① 虎杖 30 克，金银花 30 克，甘草 12 克。

② 穿心莲 60 克。

以上两种配方任选一种治疗 20 框蜂，煎药液至 1000 毫升，兑入白糖 1 千克，搅拌使其完全溶解，于傍晚饲喂，连喂 10 天为 1 个疗程。

③ 华千金藤（又名海南金不换）10 克。

④ 半枝莲（又名狭叶韩信草）50 克。

⑤ 七叶一枝花 3 克，五加皮 10 克，甘草 2 克。

以上 3 种配方任选一种治疗 10 框蜂，经煎煮、过滤、浓缩，配成 1000 毫升的糖浆（糖水比为 1:1），傍晚饲喂蜂群，连续或隔天喂，4 ~ 5 次为 1 个疗程。

⑥ 茯苓 500 克，紫草 500 克，板蓝根 500 克，金银花 500 克，紫花地丁 500 克，枯矾 250 克，黄檗 250 克，打成粉，加入西药利福平胶囊（0.15 克）200 粒的粉末，用双层纱布盛装药剂，可治疗约 300 框蜂；傍晚时先脱蜂，再将药粉抖撒在子脾上，间隔 7 天用药 1 次，连续 3 次为 1 个疗程。

第四章

注意

　　东方蜜蜂囊状幼虫病是一种病毒传染病，极易感染中蜂，至今未找到特效药，只能采取断子、加强管理、消毒预防、杀灭病原的措施。一旦发病，应将蜂王扣住，断子 7～10 天或换王。管理上做到蜂脾相称，春秋季要密集群势。群内留足优良的蜜、粉饲料，使幼虫发育正常，不易患病。及时消毒，用石灰水清洗蜂具，更换患病蜂群的巢脾，对患病严重的蜂群直接销毁切断病源。喂药时一定不要引发盗蜂，药水兑糖浆的量应以蜜蜂当晚吃完为宜。

三、慢性蜜蜂麻痹病

　　慢性蜜蜂麻痹病是由慢性蜜蜂麻痹病病毒引起发生于成年蜜蜂的病害，其主要特征是：蜂群出现爬蜂，患病的蜜蜂腹部增大、变黑，头部暗黑，身体震颤。

【流行特点】

　　慢性蜜蜂麻痹病在蜂群内的发生与传播有较明显的季节性，多发生于仲夏至初秋。这时蜂群一般刚采完小暑蜜，群势普遍下降，外界炎热，又缺乏蜜、粉源，群内饲料不充裕，蜂群缺乏生气，在这种情况下易突然暴发慢性麻痹病。但病原并不是此时才进入蜂群的，而是由早期患病蜜蜂逐渐传播开的。当蜂群失王时，慢性麻痹病在蜂群中迅速发生，但具体原因目前尚不明确。

【症状】

　　慢性蜜蜂麻痹病有两种独特的症状，分为 Ⅰ、Ⅱ 两种类型。

　　(1) Ⅰ型　被感染的蜜蜂双翅及躯体反常地震颤，病蜂不能飞翔，常在蜂箱周围的地面或草丛上爬行，有时上千只个体结成团，并常见它们聚集在蜂箱内的上部，病蜂腹部肿胀，翅由于脱位而伸展开。腹部肿胀是由于蜜囊内充满液体而引起的，肿胀的机械压力加速了"痢疾"的发生。患病个体常在 5～7 天死亡。

　　(2) Ⅱ型　俗称"黑强盗""小黑蜂""黑色病"等。这一类型的病蜂，刚被侵染时还能飞翔，但它的体表茸毛脱落，呈现出油腻状黑色的相对较大的腹部，个体略小于健康蜂。病蜂常被健康蜂啃咬攻击，将其驱出蜂群，当它回巢时，又遭守卫蜂的阻挡，于是行踪不定，多到蜂群的巢门口盘旋，看似像盗蜂。几天后蜂体表现震颤，不能飞翔，并迅速死亡。

这两种类型常在一个蜂群中发生，但通常为其中一种占优势，而出现多型性症状的原因至今尚不清楚。

【类症鉴别】

（1）慢性蜜蜂麻痹病与蜜蜂孢子虫病的鉴别

1）两者均有爬蜂现象。患慢性蜜蜂麻痹病的蜜蜂爬得漫无目的、有气无力、左右不定，有的在爬行过程中还向其他病蜂讨要食物，其肢残但胃口尚好；患蜜蜂孢子虫病的蜜蜂爬起来像赶集一样，成群结队地向低洼处爬去。

2）两者有时都有身体颤抖的症状，但患慢性蜜蜂麻痹病的是身体颤抖，患蜜蜂孢子虫病的是翅发抖。

3）患慢性蜜蜂麻痹病的爬蜂腹内是空的或呈水状，而患蜜蜂孢子虫病的爬蜂腹内是浑浊且酸臭的稀便。

（2）慢性蜜蜂麻痹病与蜜蜂农药中毒的鉴别　两者均有死亡现象，农药中毒来得十分突然，正井然有序的蜂群突然大乱，众多蜜蜂在地上翻滚、狂躁，追人叮咬，死蜂遍地，短时间内大量死亡；而患慢性蜜蜂麻痹病的蜂场相对安静许多，有几天的发病、死亡过程。

（3）慢性蜜蜂麻痹病与蜜蜂副伤寒病的鉴别　详见"蜜蜂副伤寒病的类症鉴别"。

【诊断】

蜂场一般根据症状和流行病学特点，做出综合诊断。若发现蜂箱前和蜂群内有腹部膨大或头部和腹部末端体色暗黑，身体颤抖的病蜂，再结合发病季节，以及附近蜂场是否也有同样疾病流行等情况，可以初步诊断为患慢性麻痹病。

【预防】

（1）选育抗病品种　美国专家从美国的抗美洲幼虫腐臭病的"褐系"蜜蜂中选育出了抗慢性蜜蜂麻痹病的抗性品系，并认为这种选育相对较容易，绝大多数的选育在 3 ~ 4 代后即可完成。

（2）加强饲养管理 根据病毒增殖与温度的关系（温度 ≥35℃ 时病毒增殖快），春季选择高燥之地，夏季选择阴凉场所放蜂，及时清除病、死蜂。

【治疗】

（1）硫黄粉 将硫黄粉撒于箱底及巢框上梁，5 框蜂用 20 克，1 ~ 2 次/周，或将升华硫适量撒于蜂路间。

（2）胰核糖核酸酶 用胰核糖核酸酶防治，用法可以是喷洒成年蜂体，或加入糖浆饲喂。酶能破坏蜜蜂肠道的病毒，但对已进入组织细胞的病毒不起作用。因此，必须在幼年易感蜂的食物里连续加入才能预防。

（3）盐酸金刚烷胺片 每 10 框蜂用 0.1 克盐酸金刚烷胺片，研成细末加入到 300 ~ 500 毫升 50% 的糖浆中喂蜂，每天喂 1 次，连喂 5 ~ 7 次为 1 个疗程。

（4）中药配方

① 在 50% 的糖浆中加入 3% 的蒜汁，每晚每群喂 300 ~ 600 克，连续喂 7 天，停药 2 天，再喂 7 天，直至病情得到控制。

② 贯众 9 克，山楂 20 克，大黄 15 克，花粉 9 克，茯苓 6 克，黄芩 8 克，蒲公英 20 克，甘草 12 克，加水 1500 毫升煎熬半小时滤渣后，加白糖 1 千克，可治 5 群蜂。傍晚用小壶顺蜂路浇药液，连浇 4 次。

③ 山楂 25 克，厚朴 25 克，云林 25 克，贡术 25 克，泽泻 25 克，莱菔子 25 克，生军 25 克，丁香 25 克，丑牛 25 克，甘草 5 克，加水 3000 毫升煎熬半小时后滤渣，取药液加入饱和糖浆 5 千克，可喷喂 100 脾蜂，每 3 天喂 1 次，病情好转后停止使用。

由于螨是该病毒的携带者和传播者，所以要注意适时治螨。用升华硫防治该病时要掌握好用量，因升华硫对未封盖幼虫具有毒性，若用量掌握不当，极易造成幼虫中毒。

四、急性蜜蜂麻痹病

急性蜜蜂麻痹病是由急性蜜蜂麻痹病病毒引起蜜蜂患病的病毒性疾病，其主要特征是：患病蜜蜂不飞翔，并很快死亡，在死亡前蜂体震颤，并且腹部膨大。

【流行特点】

目前已报道发现急性蜜蜂麻痹病的国家不多，有澳大利亚、法国、墨西哥、比利时、英国、德国、中国等。该病毒一般在春季引起蜜蜂死亡，在越冬期蜂群中不易检查出该病毒，这可能是由于越冬期温度太低，病毒增殖极慢，到春季温度回升，病毒粒子迅速增殖，引起蜜蜂死亡。到夏季温度上升，则病害自愈。在自然界中，急性蜜蜂麻痹病病毒可通过以下几个途径传播。

1）成年蜂的咽下腺分泌物。

2）被污染的花粉。

3）通过媒介高效传播。研究发现，大蜂螨是该病毒的传播媒介。急性蜜蜂麻痹病病毒可在雌性大蜂螨体内存活，当大蜂螨吸食成年蜂的血淋巴时，突破了成年蜂的体壁，将病毒"注射"入成年蜂的血体腔。接着病毒随血淋巴的流动被携带至更易受攻击或更致命的组织。幼虫在受到带病毒大蜂螨的危害后，病毒也可在其体内增殖。

前两种传播途径，蜜蜂获得的病毒量不致死。

【症状】

发现急性蜜蜂麻痹病病毒时，自然界中蜜蜂尚无自然发病的例子报道。因患病蜂并未表现出明显症状，后来便自愈了。采用人工接种（注射）的方式，使之感染，发现接种 5~9 天后变得不飞翔，然后很快死亡，在死亡前蜂体震颤，并且腹部膨大。

【防治】

急性蜜蜂麻痹病经口侵染引起蜂群发病的概率不高，侵染主要是由于大蜂螨的媒介作用引起的，所以防治上以治螨为主，特别是在春季蜂群繁殖期，应严格防止狄氏瓦螨危害蜂群。另外，由于发病与温度关系密切（病蜂在温度≤30℃时发病明显），春季要做好蜂群保温，待温度升高后，病害自愈。

第四章

五、蜜蜂蛹病

蜜蜂蛹病又叫死蛹病，是由蜜蜂蛹病病毒引起的危害我国养蜂业的一种新的传染病，其主要特征为：蜂群见子不见蜂，生产能力明显下降，封盖子脾出现"白头蛹"，死亡的蜂蛹呈暗褐色或黑色，尸体无臭味、无黏性，多呈干枯状。

【流行特点】

该病于20世纪80年代初首先在云南、四川省个别蜂场饲养的西方蜜蜂中被发现，80年代末已经蔓延到我国20个省区，其中四川、云南、江西和浙江发病率最高。发病时间因地区而不同，云南、福建出现在1~2月，四川出现在2~4月，江西、浙江出现在3~4月，陕西出现在4~6月，甘肃出现在6~8月。该病的发生与气候、蜂种和蜂王年龄有关。晚秋或早春，蜜源缺乏或饲养管理不当，蜂群处于饥饿状态或消化不良，再遇阴雨寒潮，就容易诱发蜜蜂蛹病。不同品种或品系的蜜蜂对其抗病性也有差异，西方蜜蜂中意大利蜂抗病性较差，受其危害严重，而卡尼鄂拉蜂和东北黑蜂抗病性强，发病较轻，中蜂则很少发病。老龄蜂王群易感病，而年青蜂王群发病轻。蜂群中的病死蜂蛹和患病蜂王是该病主要的传染源，被污染的巢脾及其他蜂具等是主要的传播媒介。病毒主要寄生于工蜂头部及中肠细胞中，患病蜂王卵巢细胞中也可见到病毒颗粒。

【症状】

病毒在大幼虫阶段侵入幼虫体内，发病虫体失去天然光泽和丰满度，变成灰白色，逐渐变成浅褐色至深褐色。死亡的蜂蛹呈暗褐色或黑色，尸体无臭味、无黏性，多呈干枯状，也有的湿润。巢房多被工蜂咬破，露出头部呈"白头蛹"状。有少数病蛹可发育成成年蜂，但这些幼蜂体质衰弱，不能出房而死于巢内，有的勉强出房，发育不健全，不久即死亡。患病蜂群的群势下降，工蜂采集、分泌王浆和哺育幼蜂的能力下降，病情严重的蜂群出现蜂王自然交替或飞逃现象。

【类症鉴别】

(1) 蜜蜂蛹病与螨害的鉴别 二者均出现幼蜂翅残缺或蜂蛹死

亡现象，但受蜂螨危害的蜂群可在蜂体及巢房内的蜂蛹和幼虫体上检查到蜂螨。

（2）蜜蜂蛹病与巢虫危害的鉴别　二者均出现"白头蛹"，蜜蜂蛹病常出现成片封盖巢房被工蜂开启现象，露出"白头蛹"；但受巢虫危害的蜂群一般是弱群，常出现"一定路线"封盖巢房被工蜂开启露出"白头蛹"的现象，同时拉出死蛹后可见到巢虫的排泄物。

（3）蜜蜂蛹病与囊状幼虫病的鉴别　二者均出现大幼虫死亡现象，但囊状幼虫病死亡幼虫挑起时呈典型的囊袋状。

（4）蜜蜂蛹病与美洲幼虫腐臭病的鉴别　二者均出现大幼虫和蛹的死亡现象，但美洲幼虫腐臭病的受害者多为大幼虫，死亡幼虫腐败，发出鱼腥臭味，用镊子挑时可拉成 2~3 厘米长的细丝，死亡蜂蛹的典型特征是吻伸出，而患蜂蛹病死亡的幼虫和蛹无上述症状。

【诊断】

先在蜂箱外观察，若发现患病群工蜂表现疲劳，出勤率降低，在蜂箱前或场地上爬行，并可见被工蜂拖出的死蜂蛹或发育不健全的幼蜂等现象时，可开箱检查。开箱提取封盖巢脾，若发现封盖子脾不整齐，出现干枯状死蜂蛹，巢房多被工蜂咬破露出头部呈"白头蛹"等典型症状和"插花子脾"现象，即可初步确定诊断。

【预防】

（1）选育抗病品种　由于蜜蜂品种间抗病性有差异，同一品种不同蜂群间抗病性也不一样。该病流行时，有些蜂群发病严重，有些蜂群发病轻，有些蜂群不发病。所以可以选择不发病蜂群作为种群，培育蜂王用以更换病群中的蜂王，以提高蜂群的抵抗力。

（2）加强饲养管理　保持蜂多于脾，保证充足的蜜粉饲料，并加喂适量维生素、食盐。

（3）做好消毒隔离　加强蜂具消毒，已发病蜂群一定要隔离。

【治疗】

（1）西药配方　按每 10 框蜂 1 片盐酸金刚烷胺片（0.1 克），研成细末调入 300~500 毫升糖浆（糖水比为 1∶1）中喂蜂，每天喂 1 次，连喂 5~7 次为 1 个疗程。

（2）中草药配方 15~50 克贯众、金银花或板蓝根等抗病毒的中草药水煎，配成 1 千克的糖浆（糖水比为 1∶1），喷喂或饲喂 10 框蜂，隔天喂 1 次，连用 5~7 次为 1 个疗程。

第四章

第五章　蜜蜂真菌性传染病的诊治

一、蜜蜂白垩病

白垩病又名石灰质病或石灰蜂子，是由蜂球囊菌或大孢球囊霉引起蜜蜂幼虫死亡的一种真菌性传染病，其主要特征是：蜜蜂幼虫死后呈白色或黑色石灰石状，在病群的巢门前、箱底或巢脾上能见到长有白色菌丝或像石灰子一样黑白两色的幼虫尸体。

【流行特点】

白垩病在世界各地均有发生，主要危害西方蜜蜂。蜂球囊菌是一种真菌，主要通过孢子传播，只侵袭蜜蜂幼虫，病死幼虫和病菌污染的饲料、巢脾都是主要传染源。当蜜蜂幼虫食入被蜂球囊菌污染的饲料后，孢子就在肠内萌发，菌丝开始生长，尤其是在中肠中菌丝生长旺盛，然后菌丝穿过肠壁，使肠道破裂，同时在死亡幼虫体表形成孢子囊。白垩病的发生与多雨潮湿、温度不稳有关。由于蜂球囊菌需要在潮湿的条件下萌发和生长，因此，在春末夏初昼夜温差较大、气候潮湿时，蜂群正处于大量繁殖，急于扩大蜂巢阶段，往往由于保温不良或哺育蜂不足，致使外围幼虫受冷，此时最易发生白垩病，花粉缺乏可使病情加重。在蜂群中，雄蜂幼虫比工蜂幼虫更易受到感染。

【症状】

患白垩病的幼虫在封盖后的头 2 天或前蛹期死亡。患病幼虫肿胀、软塌、呈白色，贴在房底失去虫体轮廓，或已经长满白色菌丝，后期失水缩小成较硬的虫尸（彩图 5-1）；最后，虫尸干枯变成石灰子状，呈白色或黑白两色（彩图 5-2），无臭味，无黏性，易被清除（彩图 5-3）。在重病蜂群中，可能留下封盖房，但较为零散，封盖房中有结实的虫尸，当摇动巢脾时会发出撞击声响，在箱底或巢门前能找到块状的干虫尸（彩图 5-4、彩图 5-5）。

【类症鉴别】

白垩病与美洲幼虫腐臭病的症状相似，二者均是幼虫死亡。患白垩病的病群可在巢门前、箱底或巢脾上见到长有白色菌丝或黑白两色的块状虫尸，箱外观察可见巢门前堆积像石灰子一样的或白或黑的虫尸；但美洲幼虫腐臭病死亡的幼虫不变硬块状，巢门前虫尸也不呈现石灰子样。

【诊断】

根据幼虫长出白色的绒毛，皱缩、变硬，最后变成白色的块状，尸体呈暗灰色、黑色或黑绿色，巢脾、巢门前或箱底可见到石灰子样块状的干虫尸等典型症状就可以确诊。

【预防】

(1) 选用抗病蜂种 选择抗病性强、清脾能力好、无病群的健康蜂种，以提高蜂群抗病力。此外，黑色蜂种比黄色蜂种对白垩病的抵抗力更强。

(2) 降低蜂箱内湿度 该病的发生与蜂箱湿度有极大的关系，潮湿多雨的春季发病严重，摆放蜂箱场地应高燥，排水、通风良好；饲喂蜂群时一定要用饱和糖浆；保温物一定要透气，晴天注意翻晒。

(3) 不饲喂带菌的花粉 饲喂的花粉最好是本场无病蜂群生产的，若外购花粉应注意检查，带有病菌孢子的花粉消毒后才能使用。

(4) 及时治螨 蜂螨是蜂球囊菌孢子的携带者和传播者，适时治螨可以抑制白垩病的发生。

(5) 做到蜂脾相称 合并弱群，调整箱内蜂脾关系做到蜂脾相称或蜂多于脾，抽调给弱群的子脾不要太多，以维持正常的巢温和清巢能力。

(6) 做好消毒工作 病群换下的蜂箱需经彻底消毒后才能使用，巢脾化蜡或烧毁，摇出的蜂蜜需煮 35 分钟后装入已消毒的蜜桶作为饲料；怀疑被污染的花粉，用蒸汽蒸熟，杀死真菌孢子；污染的花粉脾要用硫黄熏蒸 24 小时，防止病原再次传播。

【治疗】

1）用干净的蜂箱、巢脾换出病群的蜂箱、重病脾，用福尔马林加高锰酸钾密闭熏蒸消毒，严重的病脾应烧毁。

2）病群于晴天用 0.5% 的高锰酸钾喷雾，对成年蜂体表消毒，喷至成年蜂体表呈雾湿状为止，每天 1 次，连续 3 天。

3）每 10 框蜂用制霉菌素 200 毫克，加入 250 毫升 50% 的糖浆中饲喂，每 3 天喂 1 次，连喂 5 次；或用制霉菌素（200 毫克/10 框）碾成粉末掺入花粉饲喂病群，连续 7 天。

4）为了防止药物残留和对蜂产品的污染，也可用中草药配方防治蜜蜂白垩病。

① 土茯苓 60 克，苦参 40 克，加水 1000 毫升煎液，得药液 500 毫升。枯矾 50 克，冰片 10 克，研成极细末，兑入药液中，待其溶解后，加入新洁尔灭液 20 毫升。隔天喷脾 1 次，喷的量以蜜蜂表面有一层薄薄的雾为准，连喷 4 ~ 5 次为 1 个疗程。症状控制后，为防止复发，可间隔一周后再治疗 2 ~ 3 次。

② 春繁时在巢门口内侧或箱底撒一把食盐（100 ~ 150 克），使出入蜂巢的蜜蜂均从盐粉上通过，这样就以蜜蜂为媒介，使食盐遍布全巢，从而起到控制病害发生的作用。这是因为食盐中的钠离子对病菌的生长有抑制作用。

③ 用老的生大蒜，一群约 0.5 千克，去皮、捣碎，均匀放于蜂箱内底板上，让蜜蜂自由舔食，4 天换 1 次，连放 4 次。

④ 每群蜂用 1 个左右的蒜瓣捣烂，兑入适量水，喷蜂和脾，箱内四壁和巢门都要喷到。此法不伤害蜂和幼虫。

⑤ 金银花 6 克，连翘 60 克，蒲公英 4 克，川芎 2 克，甘草 12 克，野菊花 60 克，车前草 60 克，加水 2 千克，煎至 1 千克，配饱和糖浆饲喂 10 框蜂，每 3 天饲喂 1 次，3 次为 1 个疗程，治疗 3 个疗程。

⑥ 黄连、大黄、黄檗各 20 克，苦参、红花、银花、大青叶各 15

克，甘草 10 克，加水 1000 毫升，用微火煎至约 300 毫升时倒出药汁；再加水 200 毫升煎 5 分钟后倒出药汁，与第一次的药汁混合备用。对患病蜂群每天喷脾 1 次，喷的量以蜜蜂表面有一层薄薄的雾为准，连续喷 3 天。

⑦ 川楝子（苦楝树的果实）10 粒，浸泡于 250 毫升的 60 度白酒中，浸 1 周后用该酒喷脾，喷的量以蜜蜂表面有一层薄薄的雾为准，连喷 1 周后可控制病情，1 个月彻底治愈。

⑧ 蜂胶 10 克，用 95% 酒精 40 毫升浸泡 7 天后去渣，将去渣后的蜂胶液加 100 毫升 50℃ 热水过滤备用。在晴好天气脱蜂后直接喷巢脾至雾湿状为止，每天喷 1 次，连续喷 7 天，能达到治疗目的。

注意　　采集期禁止用药。在采集期内发病的蜂群，若采用药物治疗，应立即退出采集。

二、蜜蜂黄曲霉病

蜜蜂黄曲霉病又名结石病，是由黄曲霉引起或由不常出现的烟曲霉引起的蜜蜂传染病，其主要特征是：幼虫和蛹患病死亡后身体上长满黄绿色粉状物，尸体呈坚硬的木乃伊状；成年蜂感染后，行动迟缓，失去飞翔能力，常常爬出巢门死亡，死亡后身体变硬，在潮湿的条件下，可见腹节处穿出菌丝。

【流行特点】

该病不仅可以引起蜜蜂幼虫死亡，而且也能使蛹和成年蜂致病，目前主要发生于西方蜜蜂蜂群中，但发病群数一般不多。黄曲霉的孢子在自然界中大量存在，如霉变的谷物、花生等，因此该病没有流行季节。自然界中蜜蜂黄曲霉病主要通过随气流自由扩散的孢子传播。黄曲霉菌孢子污染了饲料，蜜蜂吞食被污染的饲料后，孢子在其消化道内萌发，产生的菌丝体会危害所有的软组织。此外，孢子也可在体表萌发，菌丝体直接由节间膜处侵入体内组织。当真菌侵入组织后，幼虫体和成年蜂腹部发硬。在被感染的幼虫体内，真菌生长很快，迅速穿透体表，在头后形成一个黄白色环，1~3天内，菌丝体包裹整个幼虫如一层假皮，真菌在死虫体表产生颜色为黄绿色的分生孢子。真菌在生长过程中释放的黄曲霉毒素使蜜蜂中毒、死亡。

【症状】

患蜜蜂黄曲霉病的幼虫可能是封盖的，也可能是未封盖的，病原菌有时也会侵染蛹。患病初期幼虫变软，后变成苍白色带有褐色或黄绿色，幼虫死亡后失水呈坚硬的木乃伊状，虫尸表面长满绒毛状黄绿色的霉菌和孢子。气生菌丝会将虫尸与巢房壁紧连在一起，若轻微振动，就会四处飞散。大多数受感染的幼虫和蛹死于封盖之后，尸体呈坚硬的木乃伊状。

成年蜂也会受到黄曲霉的侵染。成年蜂患病后最显著的症状是：工蜂不正常活动，病蜂无力、瘫痪，腹部通常肿大；孢子在头部附近形成最早、最多；死蜂腹部常表现与幼虫整个体躯相似的干硬，死蜂不腐烂，体表上长满菌丝和孢子。

【类症鉴别】

蜜蜂黄曲霉病和蜜蜂白垩病的症状相似，二者均会使虫尸表面长有黄绿色的霉菌，不同之处是蜜蜂黄曲霉病能够使幼虫、蛹和成年蜂均发病，而蜜蜂白垩病只引起幼虫发病。

【诊断】

根据得病幼虫、蛹和成年蜂表面长满绒毛状黄绿色的霉菌等症状即可诊断。

【预防】

1）蜂群注意通风降湿，以含水量22%以下的蜂蜜作为饲料，并注意药物预防和及早控制其他病害。春季做好保温，增强蜂群本身的抗病能力。

2）已发病的蜂群要更换被污染的蜂箱、巢脾等，并用福尔马林熏蒸污染的蜂具，严重的病脾（包括蜜脾和粉脾）应烧毁。

【治疗】

1）病群用0.5%高锰酸钾或0.1%新洁尔灭溶液喷雾消毒，喷至

第
五
章

成年蜂体表呈雾状即可，每天 1 次，连续 7 天。

2）每 10 框蜂用制霉菌素 200 毫克，加入 250 毫升 50% 的糖浆中饲喂，每 3 天喂 1 次，连喂 5 次；或将制霉菌素（200 毫克/10 框）碾粉掺入花粉饲喂病群，连续喂 7 天。

3）中草药配方，鱼腥草 15 克，蒲公英 15 克，筋骨草 5 克，山海螺 8 克，桔梗 5 克，加水煎汁，浓缩过滤，配制成 50% 的糖浆，可喂 1 群蜂（8 框左右），隔天喂 1 次，连喂 5 次。

注意

> 在换箱、换脾、消毒蜂箱时，操作者要用保护物护住眼、口、鼻，防止人体被黄曲霉菌感染。由于黄曲霉菌可产生黄曲霉毒素，因此，蜂群内所有患病情况严重的巢脾和发霉的蜜粉脾撤出后需销毁，不能作为饲料喂蜂，人食用也不安全。蜜蜂黄曲霉病较少发生，但一旦发病则不好处理，因为真菌菌丝会将虫尸与巢房壁紧连在一起，极不易被内勤蜂清除，所以病脾、病群应以烧毁为宜。

三、蜂王黑变病

蜂王黑变病是由黑色素沉积菌引起蜂王生殖系统病变的真菌性病害，其主要特征是：蜂王停止产卵，腹部变黑、肿胀。

【流行特点】

该病目前发生于欧洲、加拿大等地，我国尚未发现。病原是通过螫针腔和生殖孔进入生殖器官，并在生殖器官寄生的。在实验室中可通过生殖道注射感染，而工蜂和雄蜂若进行胸部注射也会发生感染。据推测，病原菌是通过蜜蜂采集甘露蜜时，将生活在其中的真菌带回蜂箱，在偶然的情况下侵染蜜蜂。

【症状】

蜂王卵巢失去光泽、变黑，产卵管、毒囊、毒腺也会受到影响，内含大的黑色肿胀物，这些肿胀物对输卵管产生压力，使被侵染的卵巢萎缩，蜂王停止产卵。若工蜂被侵染，最显著的标志就是后肠外翻。

【诊断】

当蜂王停止产卵，腹部变黑、肿胀后，用剪刀从尾部剪开其腹部，若发现内生殖系统变黑即可确诊。

【防治】

因为对该病的研究很少，对其发生规律尚未掌握，只能用新蜂王换掉停卵的蜂王。这就要求蜂场平时要注意多储备蜂王。

 其他病原物引起的
蜂病的诊治

第六章

一、蜜蜂微孢子虫病

蜜蜂微孢子虫病是由蜜蜂微孢子虫引起成年蜂患病的一种常见的消化道传染病，又称"微粒子病"。该病的主要特征是：成年蜂腹部末端呈暗黑色，行动迟缓、爬蜂、下痢，拉出中肠，中肠环纹消失、失去弹性、极易破裂。

【流行特点】

目前，该病可在全世界的西方蜜蜂中流行。在我国，蜜蜂微孢子虫病也广泛分布，且发病率较高，经常与其他病原物一起侵染蜜蜂，造成并发症，给蜂群带来很大损失。微孢子虫不但侵染西方蜜蜂，也侵染东方蜜蜂，但东方蜜蜂尚未见流行病。当蜜蜂进行清理、取食或采集时，孢子被蜜蜂吞食后，迅速进入中肠。当孢子到达中肠后，在消化液的作用下放射出中空的极丝，通过极丝，将细胞核及少量细胞质注入中肠上皮细胞中增殖。1周后，中肠细胞脱落，释放出孢子虫，随粪便排出体外，污染箱、脾、粉、蜜。病蜂有下痢症状时，污染更严重。内勤蜂因清理受污染的巢脾、取食受污染的蜜粉而被感染。迷巢蜂、盗蜂及管理行为不当造成该病在蜂群间传播。孢子能随风到处飘落，造成大面积、大范围的散布。当病蜂和健康蜂在同一区域采集同一蜜源时，病蜂会污染花及水源，健康蜂便会被感染发病，造成蜂群间传播；而蜂产品（主要是花粉）的交易、蜂种的交换和转地放蜂等行为会造成蜜蜂微孢子虫病的远距离传播。病害在一年中的冬、春、初夏是流行高峰期，到了夏季会显著降低。蜜蜂微孢子虫不感染卵、幼虫和蛹。

【症状】

蜜蜂患微孢子虫病初期，外部症状不明显，活动正常。患病后期，蜜蜂个体瘦小，两翅散开不相连，萎靡不振，行动迟缓，蜇刺反应丧失，少数病蜂腹部膨大。前胸背板和腹尖变黑，腹部1～3节背板呈深棕色，常被健康蜜蜂追咬，多在框架、箱底板或蜂箱前的草地上爬动，不久死亡。冬末和春季成年蜂大量减少，往往伴随着蜂王的丧失或交替，这是蜂群感染蜜蜂微孢子虫病的明显症状。外界连续阴雨潮湿或在冬季时常有下痢症状。蜜蜂微孢子虫寄生在蜜蜂中肠上皮细胞内，蜜蜂的正常消化机能遭到破坏，患病蜜蜂寿命很短，很快衰弱、死亡，采集力和腺体分泌能力明显降低。同时，由于中肠受到破坏，其他病原物更容易侵染蜜蜂，进而造成并发症。

【类症鉴别】

（1）蜜蜂微孢子虫病与蜜蜂麻痹病鉴别 两者均有下痢的症状，但被微孢子虫侵染的蜜蜂无明显的外观变化，而被蜜蜂麻痹病感染的蜜蜂双翅及躯体反常地震颤或腹部呈黑色油腻状。

（2）蜜蜂微孢子虫病与蜜蜂副伤寒病鉴别 两者均有肠道无弹性的症状。患微孢子虫病的蜜蜂能拉出完整的灰白色中肠；患副伤寒病的蜜蜂，其肠道呈灰白色，肿胀，中肠和直肠不容易被拉出来，后肠积满黏糊糊的黑色物质，并有臭味。

【诊断】

取蜂群中的成年蜂用拇指和食指捏住腹部末端，拉出中肠，观察中肠的颜色、环纹、弹性等。正常的蜜蜂中肠呈浅棕色，不膨大。被微孢子虫侵染的蜜蜂中肠呈灰白色，环纹模糊，失去弹性，极易破裂（彩图6-1）。如果伴有腹黑、行动迟缓、爬蜂、下痢等症状，即可做出初步诊断（彩图6-2）。

【预防】

（1）加强饲养管理 冬季群里应有足够的越冬蜂和优质的越冬饲料，越冬饲料不得有甘露蜜。春繁饲喂蜂蜜、花粉时，尽量不要使用来历不明的花粉，而且一定要进行消毒，可以采用煮沸、蒸（不少于10分钟）的方法，虽然这样可能会对饲料的营养稍有破坏，但是相对来说预防病害更为重要。

（2）蜂具消毒 受污染的蜂箱、蜂具先用2%～3%的氢氧化钠

第六章

溶液清洗，再用火焰喷灯消毒。巢脾用福尔马林溶液或醋酸蒸气消毒；取 80% 的醋酸或福尔马林溶液 150 毫升，注入各蜂箱内的吸收物上（如棉花），将箱体重叠在一起密封熏蒸 7 天，可以杀死孢子。或将巢脾保持在温度 49℃、相对湿度 50% 的环境下密闭 24 小时，也能消灭孢子的活力。

【治疗】

1）微孢子虫在酸性环境中会受到抑制，在早春繁殖期，每千克糖浆（糖水比为 1:1）中加入 1 克柠檬酸或 3~4 毫升米醋，每 10 框蜂喂 0.5 千克，每隔 5 天喂 1 次，连续喂 4~5 次。

2）微孢子虫发生严重时，每千克糖浆（糖水比为 1:1）中加入 25 毫克烟曲霉素，每 10 框蜂喂 2 千克，每隔 5 天喂 1 次，连续喂 4 次，效果良好。

由于蜜蜂患微孢子虫病后无明显症状，因此要经常检查蜂群，进行防治。防治时要严格按照药物使用说明中的施用剂量来使用，合理计划用药的次数。尽量不要常年施用一种防治微孢子虫病的药物，不要长期、大量、随意施用。在生产期和生产期前 1 个月内坚决不用化学药剂防治，防治时要最大限度地降低药物给蜂产品带来的残留。由于我国市场上没有烟曲霉素供应，因此生产中多用醋酸、柠檬酸等来防治。

二、蜜蜂马氏管变形虫病

蜜蜂马氏管变形虫病是由马氏管变形虫（阿米巴）引起的成年蜂传染病，其主要特征是：蜂群发展缓慢，群势削弱，采集能力下降；成年蜂腹部膨大，无力飞行，不久死亡；有时伴有下痢、爬蜂现象。

【流行特点】

蜜蜂马氏管变形虫病在欧洲、美洲和亚洲均有发生的报道。目前该病不仅发生于西方蜜蜂，对东方蜜蜂中的中蜂也造成危害。成年蜂取食马氏管变形虫孢囊后染病，孢囊进入中肠后，在中肠末端或直肠里增殖。孢囊萌发后形成变形虫营养体，可直接转移至马氏管。变形虫营养体在马氏管上皮细胞内或细胞外靠伪足取食。蜜蜂被变形虫孢囊侵染 22～24 天后，变形虫营养体又形成新的孢囊。新形成的孢囊随粪便一起排出。马氏管变形虫病与蜜蜂微孢子虫病并发的概率高于单独发生的概率，主要原因是它们的传播途径相同，发病季节也相同，但这两种病害并不互相依赖，且并发后对蜂群的损害大大高于两种病害单独发生，极易使蜂群暴死。

【症状】

病群发展缓慢，群势逐渐削弱，采集力下降，蜂蜜产量降低。被感染的蜜蜂体质衰弱，飞行不便，腹部膨胀拉长，末端 2～3 节变为黑色，常聚集在巢箱内的上框梁处，伴有下痢，不久死亡。解剖病蜂，可见中肠末端变为棕红色，后肠膨大积满大量黄色粪便。在显微镜下，马氏管肿胀、透明，上皮萎缩。

【类症鉴别】

蜜蜂马氏管变形虫病与蜜蜂微孢子虫病症状相似，两者均出现肠道症状。患马氏管变形虫病的蜜蜂中肠末端呈棕红色，后肠积满黄色粪便；患微孢子虫病的蜜蜂中肠呈灰白色，环纹模糊，失去弹性，极易破裂。鉴别诊断时应仔细鉴别，因为这两种病极易混合感染。

【诊断】

取出疑似病蜂的消化道，拉出中肠观察其颜色，若病蜂中肠末端呈棕红色，后肠积满黄色粪便，即可初步诊断。挑取可疑中肠的马氏管，置于载玻片上，滴加蒸馏水，盖上盖玻片，在 400 倍显微镜下观察，若发现马氏管膨大，管内充满如珍珠般的孢囊，压迫马氏管可见到孢囊散落出来，即可确诊。

【预防】

加强蜂群饲养管理，保证蜂群内有充足的优质越冬饲料和良好的越冬条件。搜集死蜂并进行烧毁，以减少传染源。更换病群的蜂王，增强蜂群群势。蜂箱、蜂具用 1%～2% 的苯酚（石炭酸）或 4% 的福尔马林溶液消毒。

第六章

【治疗】

1）每千克糖浆（糖水比为1∶1）中，加入1克柠檬酸或3～4毫升米醋，每10框蜂喂0.5千克，每隔5天喂1次，连续喂4～5次。

2）每千克糖浆（糖水比为1∶1）中，加入25毫克烟曲霉素，每10框蜂喂2千克，每隔5天喂1次，连续喂4次。

三、蜜蜂爬蜂综合征

蜜蜂爬蜂综合征是由蜜蜂微孢子虫、蜜蜂马氏管变形虫、蜜蜂螺原体及蜜蜂奇异变形杆菌等多种蜜蜂病原混合感染而引起的一种成年蜂病，其主要特征是：蜂群发病迅速，群势下降极快，巢门前地上出现许多爬蜂，有时下痢，最后抽搐死亡，死蜂吻吐出、翅张开，散布在蜂箱周围。

【流行特点】

蜜蜂爬蜂综合征是20世纪80年代末至90年代初严重危害我国养蜂业的一种成年蜂病，该病流行迅速，造成的损失极为严重。该病的发生有明显的季节性，一般从早春时零星发病开始，3月病情急剧上升，4月达到发病高峰期，5月病害减轻，秋季病害基本"自愈"。

该病与温度、湿度关系密切。月平均气温在15℃左右时易发病，月平均气温在20℃以上时病害消失；降雨量大，降雨天数多，蜜蜂被迫幽闭箱内时间长，箱内湿度大时，易发病。

病害的发生与过早春繁也有关。近年来，许多蜂场为提高养蜂效益，提早春繁时间，将立春前后的春繁工作提早到1月中下旬进行，有的甚至取消了越冬期，12月即着手促进蜂群繁殖，再加上春繁使用的饲料质量低劣，既影响了新蜂的体质，也加重了老蜂的代谢负担，使蜜蜂的抗病力大为减弱。

保温方法不当造成病害流行。因提早春繁，外界温度太低，不得已采取了种种过分的保温措施，除箱内填塞大量保温物外，箱外还用塑料薄膜包裹得密不透风，使蜂箱通气不畅，闷热高湿，极有利于病原物的繁殖，而对蜜蜂的繁殖却不利。

【症状】

发病蜂群前期表现烦躁不安，有的下痢，蜜蜂护脾能力差，大量成年蜂坠落箱底。病害严重时，大量青年蜂、幼年蜂涌出巢外，行动迟缓，腹部拉长，翅微上翘，前期呈跳跃式飞行，在巢箱周围蹦跳，后期失去飞行能力，或起飞后突然坠落，在地上爬行，有时下痢，最后抽搐死亡。死蜂吻吐出、翅张开，多散布在蜂箱周围的草丛中、坑洼里。气温较高的夜间，部分病蜂飞出箱外，趋向光源，蜂农称之为"夜飞蜂"，量大时，撞击帐篷如雨点。解剖病蜂可观察到中肠变色，后肠膨大，积满黄色或绿色粪便，有时有恶臭。

【类症鉴别】

（1）蜜蜂爬蜂综合征与蜜蜂微孢子虫病、阿米巴病及麻痹病的鉴别　这4种病都出现爬蜂，但爬蜂综合征有蹦跳式爬行的蜂，患微孢子虫病的蜜蜂在蜂箱附近死亡较多，而患阿米巴病的蜜蜂直线爬行且爬行较远，患麻痹病的蜜蜂拐弯爬行或圆圈爬行。

（2）蜜蜂爬蜂综合征与中毒的鉴别　两者均出现死蜂吻吐出、翅张开的症状，但患爬蜂综合征的蜜蜂死前不急促翻滚，后腿不带花粉团，也不全是采集蜂，而因中毒在巢门死亡的蜜蜂多为带花粉团的采集蜂，并伴有打滚现象。

【诊断】

当蜂群出现行动迟缓，腹大，先在箱外跳跃式飞行，后失去飞翔能力，在地上爬行，集中在箱外草丛中或坑洼里死亡，死蜂中肠变色，后肠膨大，积黄绿色粪便，有恶臭等典型症状时，可初步判定为爬蜂综合征。

【预防】

爬蜂综合征的发生是饲养管理不当及使役蜂群过度引起蜜蜂病害的典型例子。病原十分复杂，既有原虫（孢子虫、变形虫）、细菌（蜜蜂螺原体、奇异变形杆菌），又有病毒，是多病原引起的综合征，根本无法用药物控制。防治要点主要是调节管理措施：一是不要过早春繁，给蜜蜂休养生息的时间；二是饲喂优质的越冬、春繁饲料；三是注意通风除湿，平衡保温与除湿的关系；四是饲喂酸饲料，控制病原生物的繁殖；五是减轻蜂群的负担，缩短生产蜂王浆的时间。

【治疗】

（1）爬立克　每包加入500毫升50%的糖浆，喂50脾蜂，隔天喂 1 次，4 次为 1 个疗程。

(2) 中草药配方

① 黄连、黄檗、黄芩、虎杖各 1 克，加水 400 毫升煎至 300 毫升，倒出药液，再在药渣中加入 300 毫升水，煎至 250 毫升，倒出药液，再加入 200 毫升水煎至 150 毫升，倒出药液。将 3 次所得药液混合过滤，在晴好天气喷脾，每脾喷 30 毫升药液，隔 2 天喷 1 次，一般 3 次可治愈。

② 大黄 10 克，用 300 毫升开水泡 3 小时后倒出药液，再冲入开水 200 毫升，泡 2 小时后倒出药液，继续用 200 毫升开水泡药渣 1 小时后倒出药液。3 次药液混合过滤，喷病脾，每脾喷 30 毫升左右，隔 2 天再喷 1 次，病重者 2 天后再喷 1 次，即可治愈。

③ 米醋 50 毫升，生姜水 5 毫升，加 1000 毫升 50% 的糖浆。每天每群喂 250 毫升，连喂 4 天，对春季爬蜂综合征能起到有效的预防和治疗作用。

④ 大蒜 100 克，甘草 50 克，60 度白酒 200 毫升，浸泡 10 天后取上清液加 1000 毫升糖浆（糖水比为 1:1），每天每群喂 500 毫升，连喂 4~5 天。

⑤ 黄花败酱草（干品）250 克，加水 2.5 千克，煎汤，加糖配制成饱和糖浆，分 2 次于晚上饲喂。

⑥ 大蒜 500 克捣成泥，在 2 千克醋酸溶液中浸泡 7 天，然后滤出蒜渣即为"蒜醋酸溶液"，在 1:1 的蔗糖溶液中加入 3% 左右的该溶液，每晚喂蜂，连喂 10 天。

⑦ 银翘解毒散 1 包，牛黄解毒丸 1 粒（用温开水溶化），加入 50% 的糖浆 1 千克，可喂蜂 20 脾，隔天喂 1 次，7 天为 1 个疗程。

注意 　蜜蜂爬蜂综合征是由多种因素形成的，单靠观察病蜂表现几乎难以判断。很多蜂病初期不易确诊，当爬蜂满地时，往往滥用化学药物，伤害蜜蜂，污染蜂产品。因此，饲养管理过程中一定要寻根溯源，找到病因，然后对症治疗。

第七章 蜜蜂敌虫害的诊治

蜜蜂敌虫害指的是骚扰侵袭蜂群，影响蜂群健康和正常生活的蜜蜂寄生物或者天敌。对蜜蜂个体的捕杀发生突然，时间较短，危害十分严重是蜜蜂敌虫害最突出的特点。蜜蜂的敌虫害分布很广，种类较多，本章主要介绍一些较为常见、危害较大的蜜蜂敌虫害及其防治方法。

一、蜂螨

螨害目前已经成为一个全球性问题，随着蜂螨危害的加重和抗药性的产生，已引起世界养蜂界的广泛关注。蜂巢作为一个适合多种蜂螨生存的小环境，其中与蜜蜂有关的螨有 100 多种，但大多数对蜜蜂没有直接危害，对蜜蜂造成严重危害的主要有大蜂螨和小蜂螨两种，二者是西方蜜蜂的主要寄生性敌害。

1. 大蜂螨

大蜂螨学名狄斯瓦螨，属于寄螨目，瓦螨科。

【分布与危害】

大蜂螨在全世界分布广泛，至今，除澳洲尚未报道大蜂螨危害以外，亚洲、非洲、欧洲、美洲地区都有大蜂螨的危害。在我国除了转地蜂群从未到达的边远地区外，大蜂螨已迅速蔓延到全国各地，成为我国养蜂业难以根除的长期病害。

大蜂螨全年在蜂群内寄生繁殖，主要危害成年蜂。成年雌螨主要寄生在成年蜂体上，靠吸食蜜蜂的血淋巴生活，而雄螨则完全不进食，与雌螨交配后立即死亡；卵和若螨寄生在蜂蛹房中，其生长发育的营养来源于蜜蜂的幼虫和蛹的体液。在初次感染大蜂螨的 2~3 年，蜂群无临床症状，生产能力也无明显影响，但到了第四年，蜂群中的大蜂螨数量能高达 3000~5000 只，导致成年蜂体质衰弱、烦躁不安，影响工蜂的采集行为、哺育幼虫的积极性及其寿命，群势下降，生产能力下降甚至整个蜂群毁灭。同时，受其危害的蜂蛹因不能正常发育往往导致死亡，即使顺利出房，幼蜂也多为断翅、残翅、无翅，工作能力丧失，在蜂箱外或蜂场地上到处乱爬，甚至会导致子烂群亡。受大蜂螨危害的越冬蜂群，抗干扰能力下降，蜂群通常骚动不安，饲料消耗增多，易患病，死亡率升高。

此外，大蜂螨还能够携带蜜蜂慢性麻痹病病毒、急性麻痹病病毒、败血病杆菌、克什米尔病毒、蜂球囊菌等多种病原微生物，使之从蜜蜂伤口进入体内，引起蜜蜂患病死亡。

【形态特征】

（1）卵 大蜂螨的卵呈乳白色，椭球形，卵膜薄而透明，产下时即可见 4 对肢芽，形如紧握的拳头。

（2）若螨 若螨分为前期若螨和后期若螨两种形态。

前期若螨呈乳白色，体表着生稀疏的刚毛，具有 4 对粗壮的附肢，体形随时间的增长而由卵球形变为近球形。

后期若螨是由前期若螨蜕皮而来的，体形呈心脏形。随着横向生长的加速，体形由心脏形变为横椭圆形，体背出现褐色斑纹。

（3）成螨 雌性成螨呈横椭球形，深红棕色。背板覆盖整个背面及腹面的边缘，板上密布刚毛。胸板略呈半月形，具刚毛 5 对。生殖腹板呈五角形，其上有刚毛 100 多根。后足板极为发达，略呈三角形，板上有很多刚毛。4 对足均粗短。

与雌性成螨相比，雄性成螨较小，体呈卵球形，背板为一块，覆盖体背的全部及腹面的边缘部分。共 4 对足，第一对足较短粗，第二至第四对足较长。

【生活史及习性】

大蜂螨的生活史有卵、幼虫、前期若螨、后期若螨、成虫 5 种虫态，其发育过程可归纳为体外寄生期和蜂房内繁殖期两个阶段。蜂螨必须依靠蜜蜂的封盖幼虫和蛹才能完成一个世代。如果蜂群常年转地饲养且无断子期，则蜂螨可整年危害蜜蜂。在北方地区的蜂群，自然的断子期在冬季可长达几个月，蜂螨则同蜂团一起越冬，寄生于工蜂和雄蜂的胸部背板绒毛间或翅基下和腹部节间膜处,当第二年春季外界温度开始上升,蜂王开始产卵育子时,雌性螨才从蜜蜂体上迁出,进入幼虫巢房,继续危害蜂群。

大蜂螨一年中的消长规律为春季较少,随着蜂群群势增长,其数量逐渐增加,发展至初秋最多,冬季伴随蜂群以成螨的形态同蜂团一起越冬。

【传播途径】

1)蜜蜂群体间的接触,如蜜粉采集、蜂群互盗、工蜂迷巢等。

2)养蜂人员饲养管理方面,如调整子脾、摇蜜后子脾混用、群势强弱互补、有螨群和无螨群蜂具混用等行为均可造成螨害迅速传播蔓延。

【诊断】

螨害的主要症状为幼虫房内死虫、死蛹;成年蜂的工蜂和雄蜂畸形,无法飞行,四处乱爬。具体诊断方法如下。

(1)开盖检查 选择一小片蜂蛹(雄蜂或工蜂均可)日龄较大(即蛹眼睛刚转变为粉红色)的封盖子区域,因为在此时期开盖检查,蛹体与巢房易分离,若大幼虫或蛹日龄过小,虫体则容易破裂。将蜜盖叉插入巢房盖下,同巢脾面平行,用力向上提起蜂蛹,未成熟的蜂螨呈乳白色,因此它们的口器和前足固定在寄主的角质层上,吸食寄主血淋巴时不易被发现。成螨颜色较深,在乳白色寄主的衬托之下则很容易被发现(彩图7-1、彩图7-2)。此种方法的优点是效率高,比依次打开巢房盖速度快,且应用简便,通常用于常规的蜂群诊断,便于养蜂人员及时了解蜂群感染蜂螨的程度。

(2)症状诊断 观察封盖子脾,检查封盖是否整齐成片,房盖是否出现穿孔,幼蜂是否出现畸形或死亡,工蜂有无残翅、巢门口爬蜂情况等(彩图7-3、彩图7-4)。通过上述症状可判断蜂群是否感染大蜂螨。大蜂螨感染的典型症状是打开巢房可看见各虫态的大蜂螨,蜜蜂身体上也能看到大蜂螨(彩图7-5)。

(3)箱底检查

1)箱底放一张白色的黏性板,可以用厚纸板、广告牌等白色硬板来制作，外面涂上一层凡士林等黏性物质，或者直接用一张带黏性的纸（彩图7-6、彩图7-7）。纸板大小与蜂箱底板相同，使其能完全覆盖箱底，最好设计成抽屉状，可以从箱外推进和拉出。为了避免蜂螨从底板上被蜜蜂清除，可在白色黏性板上放一张铁丝网，如防虫网，网孔必须足够大（直径在3毫米左右），使蜂螨能顺利通过，铁丝网的边缘稍微向下折叠，使其与黏性板之间有一定的距离，然后将其固定在相应的位置，防止蜜蜂清除掉落下来的蜂螨，从而保证统计结果的准确性。

2）使用杀螨剂，按照蜂药使用说明进行。

3）24小时后取出黏性板，检查落螨的数量。

4）比较快的方法是向蜂箱中喷烟6～10次，然后盖上箱盖，10～20分钟后取出黏性板，确定蜂螨数量。

箱底检查法的优点是敏感，能检查出蜂螨寄生的数量，在治螨的同时能估计出蜂群感染蜂螨的水平。

【预防】

1）加强蜂群饲养管理。选择背风、向阳的地点作为蜂群越冬场地。越冬前的发病群必须要更换蜂王，留足饲料，培育足够适龄越冬蜂。冬季要做好蜂群保温工作，提高蜂群抗螨能力。早春提早让蜂群排泄飞行，淘汰患病的蜜蜂。

2）蜂场在转地时，仔细调查放蜂地蜂螨疫情的发生情况，用心观察周围蜂场是否有蜂螨存在，还要注意检查自身蜂群封盖子脾是否出现螨害。

【治疗】

防治蜂螨应结合蜜源植物泌蜜规律进行。治疗蜂螨可分两个时期：断子期和繁殖期。

（1）断子期治疗　时间可选择在早春无子前或者秋末断子后，并结合育王断子或秋繁断子时间，用杀螨药物喷洒巢脾，切断蜂螨在蜂箱巢房的寄生途径。

1）常用杀螨药物有杀螨剂1号、螨特灵、绝螨精等，将药物按照说明比例稀释后装入喷雾器中喷洒巢脾防治。

2）喷脾方法。将巢脾提出蜂箱后，首先对巢箱底部进行喷雾，使蜂箱内蜜蜂体上布满水珠，再将一张报纸铺垫到蜂箱底部，然后一手提巢脾，一手持喷雾器（喷雾器距离脾面约 25 厘米），斜向巢脾喷射药物，待两面喷完后，再放入原蜂箱中，直至整群蜜蜂全部完成喷脾，最后盖上蜂箱即可。第二天早晨打开蜂箱，将报纸卷出，检查治疗效果。

（2）繁殖期治疗　在蜜蜂繁殖期，蜂群内均分布有卵、幼虫、蛹和成年蜂，此时蜂群内既存在寄生在巢房内的螨卵、若螨，又存在寄生在成年蜂体上的成螨，如果想达到既杀成螨又杀螨卵和若螨的目的，就必须采取特殊的治螨方法。常用的药物有螨扑、杀螨剂、升华硫等，用药前后均需做药效试验。

蜂群分巢轮流治螨：首先将蜂群的幼虫脾和蛹脾带蜂提出，组成新群，再重新引入新蜂王或者王台；然后将卵脾和蜂王留在原来的蜂箱中，待蜂群安定后，用杀螨剂喷雾治疗。新分的蜂群先治疗 1 次，待群内无子后再治疗第二次。

2. 小蜂螨

小蜂螨属于寄螨目，厉螨科，别名小螨、小虱子。

【分布与危害】

1961 年，首次在菲律宾的东方蜜蜂死蜂标本上发现小蜂螨，此后在蜂箱附近的野鼠上也找到这种螨。小蜂螨的分布范围比大蜂螨小，只有亚洲一些国家有报道。目前受小蜂螨危害的国家有中国、菲律宾、泰国、缅甸、越南、阿富汗、印度、巴基斯坦。小蜂螨常和大蜂螨同时发生，共同危害西方蜜蜂。

小蜂螨的寄主较广泛，已知可在蜜蜂属的西方蜜蜂、东方蜜蜂、大蜜蜂、黑大蜜蜂和小蜜蜂上寄生。

小蜂螨以吸食蜜蜂封盖幼虫和蛹的血淋巴为生，往往导致大量幼虫畸形或者死亡，子脾幼虫不整齐，幼虫和蛹的尸体会典型性地向巢房外突出，并伴有腐臭气味，封盖子脾呈现穿孔现象；勉强羽化的成年蜂常表现出生理和体型上的变化，包括体重减轻、寿命缩短，以及翅残、腹部变形扭曲、足畸形或无足等；蜂蛹受小蜂螨感染后往往具有较深的色斑，尤其是头、足和腹部；由于受感染的幼虫、蛹、成年蜂会被工蜂拖出或驱赶，在蜂群即将崩溃时，蜂箱门口常会看到被小蜂螨感染的幼虫、蛹和大量爬蜂。

【形态特征】

(1) 卵 小蜂螨的卵呈近球形，腹部膨大，中间稍下凹，卵膜透明，形似紧握的拳头。

(2) 若螨 卵孵化后的幼螨很快变成前期若螨。前期若螨呈椭球形，体背有细小的刚毛。

后期若螨为卵球形，体背着生细小刚毛，排列无一定顺序。

(3) 成螨 雌螨呈卵球形，浅棕黄色，前端略尖，后端钝圆。螯钳具小齿，钳齿毛短小，呈针状。头盖小，不明显，呈土丘状。背板覆盖整个背面，其上密布光滑刚毛。胸板前缘平直，后缘强烈内凹，呈弓形。前侧角长，伸达Ⅰ、Ⅱ基节之间。

生殖腹板狭长，达到或几乎达到肛板的前缘。后端平截，具有1对刚毛。肛板前端钝圆，后端平直，具3根刚毛。气门沟前伸至Ⅰ、Ⅱ基节之间。气门板向后延伸至Ⅳ基节后缘。腹部表皮在Ⅳ基节之后密布刚毛。

雄螨呈卵球形，浅黄色。螯钳具齿。导精趾狭长、卷曲。头盖呈土丘状。须肢叉毛不分叉，背板与雌螨相似。生殖腹板与肛板分离，具刚毛5对和隙状器2对。气门沟伸至Ⅰ、Ⅱ基节之间。

【生活史及习性】

与大蜂螨不同，小蜂螨主要生活在大幼虫房和蛹房中，靠吸食蜜蜂幼虫的血淋巴生长繁殖。在被感染的蜂群中，与雄螨交配后的雌螨首先选择雄蜂房产卵，雄蜂房的寄生率往往达到100%。小蜂螨很少在蜂体上寄生，在蜂体上的存活期只有2天。当一只蜜蜂幼虫被寄生死亡后，小蜂螨从封盖的幼虫房内穿孔爬出，重新转移潜入另一个幼虫房内继续产卵繁殖；而在封盖房内新繁殖生长的小蜂螨就会随着幼蜂出房一起爬出，再转移潜入其他幼虫房内继续寄生繁殖。

小蜂螨通常不在蜂群中过冬，全年寄生繁殖期主要集中在6～10

第七章

月，夏、秋高温季节达到最高峰。小蜂螨繁殖快，发育周期很短，若不及时防治，经常导致"见子不见蜂"的现象，30 天左右就能使整个蜂场蜂群全部垮掉。

【传播途径】

1）小蜂螨主要依靠成年工蜂传播，如迷巢蜂、盗蜂、错投蜂和分蜂等，这是一种长距离的缓慢传播。

2）养蜂人员的日常管理方式也为小蜂螨的传播提供了方便，如受感染的蜂群和健康蜂群的蜂具混用、巢脾互换等，使得小蜂螨在同一蜂场不同蜂群间传播和不同蜂场间传播。

3）小蜂螨最主要最快的一种传播方式是在蜂群转地饲养过程中，感染的蜂群被转运到其他地点，完成远程传播。

【诊断】

小蜂螨的鉴别诊断方法同大蜂螨类似，被小蜂螨感染最典型的症状是当用力敲打巢脾框梁时，巢脾上会出现长椭圆状、赤褐色沿着巢脾面爬得很快的小蜂螨。大蜂螨和小蜂螨很容易区分：大蜂螨爬行缓慢，体型较大，外形像螃蟹，体宽大于体长；小蜂螨行动敏捷，在巢脾上快速爬行，体长大于体宽，容易被看到，诊断较大蜂螨容易。

【防治】

大蜂螨的防治方法同样适用于小蜂螨。一般夏季大蜂螨和小蜂螨同时危害蜂群，而小蜂螨危害性更大，防治不力则会出现爬蜂。小蜂螨的防治药物主要是升华硫。

（1）升华硫 + 甲酸熏蒸剂　夏季时，将升华硫和甲酸熏蒸剂（比例为 200 克升华硫配 1 毫升甲酸熏蒸剂 4 支）均匀撒在隔王板上，每隔 5 天撒 1 次，连续 2 ~ 3 次。防治时必须要控制用药量，每次每箱约 2 克，用量过多会伤及蜜蜂，导致蜂王停产，或见子不见虫。

对于繁殖越冬蜂，可将升华硫、甲酸熏蒸剂和螨扑搭配使用，将 200 克升华硫和 4 支 1 毫升甲酸熏蒸剂在隔王板上均匀连续撒 2 次，5 天后再在蜂箱中挂半片螨扑，10 天后再挂半片。此配方可治疗 200 ~

250 框蜂。

（2）升华硫 + 杀螨剂　将 500 克升华硫和 20 支杀螨剂兑入约 4.5 千克水中，充分搅拌，澄清，然后搅匀备用。将巢脾脱蜂，用刷子浸入药液，提出后刷抹脾面，脾面略斜向下，避免药液漏入巢房中，待刷完巢脾两面后，将巢脾换入蜂群即可。此配方可治疗 600 ~ 800 框蜜蜂。

> 不可刷抹幼虫脾，防止药液落入幼虫房；刷抹药液要尽量均匀，少而薄，防止引起爬蜂。

二、蜡螟

蜡螟属于鳞翅目，螟蛾科。蜡螟又叫作"巢虫""绵虫"，是严重危害蜂群的一种敌害，其卵和幼虫生命力很强，繁殖速度快，轻则影响蜂群繁殖，重则造成年蜂群飞逃。

【分布与危害】

大蜡螟为世界性害虫，其分布几乎遍及全世界养蜂地区，不耐寒，在高海拔寒冷地区，大蜡螟很少。小蜡螟只零星分布于温带与热带地区，在美国多数地区都出现小蜡螟病害。小蜡螟对蜜蜂的危害不如大蜡螟严重，但也会毁坏没有保护好的巢脾。

蜡螟主要危害群势较弱的蜂群，在巢脾中蛀食蜡质而形成隧道，并在巢房底部吐丝作茧，毁坏巢脾和蜜蜂幼虫及蛹，其典型的危害症状是巢脾上出现不成片的"白头蛹"现象（彩图 7-8），危害严重时"白头蛹"面积高达子脾面积的 80% 以上。同时，蜡螟幼虫在蛀隧道时常损伤蜜蜂虫体的体表，导致蜂群感染疾病；蜡螟还会危害蜂蛹（彩图 7-9），导致受害蜂蛹肢体残缺，不能正常羽化（彩图 7-10），即使勉强羽化的幼蜂也会被房底的丝线困在巢房内（彩图 7-11）。被危害的蜂群轻则出现秋衰，影响蜂产品的产量及质量，严重的可造成蜂群弃巢飞逃，给养蜂者造成严重的损失。在蜂群内小蜡螟偶尔上脾蛀食蜡质，主要是在蜂箱内蜡屑中或仓库贮脾箱内（彩图 7-12），通常伴随大蜡螟一起共同危害蜂群和蜂产品。

【形态特征】

1. 大蜡螟

（1）卵 大蜡螟的卵呈短卵球形，长轴长度为 0.3 ~ 0.4 毫米，表面不光滑，颜色初为粉红，后转化乳白、苍白、浅黄，最后变成黄褐色。卵粒紧密排列，卵块为单层。

（2）幼虫 刚孵化的蜡螟幼虫呈乳白色，稍大后，背腹面转成灰色和深灰色。老熟幼虫体长可达 28 毫米，重量可达 240 毫克。

（3）蛹 大蜡螟的蛹通常是白色裸露的，但有些蛹也会被蛀屑或黑色粪粒包裹，长达 12 ~ 20 毫米，直径为 5 ~ 7 毫米。结的茧最初常在箱底和副盖上。

（4）成虫 雌蛾体大，长 20 毫米左右，下唇须向前延伸，头部呈钩状，前翅的前端 2/3 处呈均匀的黑色，后端 1/3 处有不规则的壳域或黑区，点缀参差的斑点与黑色的条纹，从背侧观察，胸部与头部颜色较浅。雄蛾比雌蛾体型较小，重量也较轻，体色比雌蛾浅，前翅顶端外缘有颜色相对较浅的明显的扇形区域。

根据幼虫食料不同，雌雄蛾的大小和颜色变化也很大。蜡质巢础培育出的二性蛾呈银白色，而以虫脾为食的蜡螟则呈褐色、深灰色或黑色。若大蜡螟幼虫的饲料不好或环境温度较低，培养出的大蜡螟的个体较小。

2. 小蜡螟

（1）卵 小蜡螟的卵呈水白色，卵球形，卵外无保护物，卵块呈单层，一般有数十粒至百余粒。

（2）幼虫 小蜡螟幼虫的体长随龄期的不同而不同。初龄幼虫体长为 1 ~ 1.3 毫米，呈水白色；老龄幼虫体长 13 ~ 18 毫米，呈蜡黄色。前胸背板为棕褐色，除前胸气门和第 8 腹节气门较大并呈椭圆形外，其余腹部的气门边沿均为黑褐色。

（3）蛹 小蜡螟的蛹呈椭球形，丝茧呈白色，一般表面有粪粒，背面呈深褐色，背中线隆起呈屋脊状，两侧布满角质状凸起。腹面呈褐色，腹部末端具有 8 ~ 12 个较大的角质化凸起。

（4）成虫 雌蛾身体呈银灰色，头部披满浅褐色的长鳞片，体躯具有深灰色鳞片，体长 10~13 毫米，触角呈褐色丝状，长度接近蛾体的一半，复眼为近球形，呈浅蓝色至深蓝色，下唇须粗短前伸。雄蛾体长 8~11 毫米，体色较雌蛾略浅，触角长过蛾体的一半，下唇须细小，向上弯曲。

【生活史及习性】

蜡螟为蛀食性的昆虫，主要有两种：大蜡螟和小蜡螟。蜡螟为完全变态昆虫，一生经历卵、幼虫、蛹和成虫 4 个阶段，危害最严重时期是在 5~9 月。在我国，大蜡螟 1 年可发生 2~3 代，卵期为 8~23 天，幼虫期为 28~150 天，蛹期为 9~62 天，成虫寿命为 9~44 天。雌蛾在缝隙中产卵 300~1800 粒，初孵幼虫很小，爬行速度很快，1 天后从箱底蜡屑中爬上巢脾，开始蛀蚀巢脾，当幼虫 5~6 日龄后，食量增大，破坏力加重（彩图 7-13）。小蜡螟在我国 1 年可发生 3 代，幼虫期为 42~69 天，蛹期为 7~9 天，成虫寿命为 4~31 天。

蜡螟白天隐藏在蜂场周围的树干缝隙及草丛里，夜间出来活动（彩图 7-14），雌雄蜡螟的交配也发生在晚上。雌蜡螟交配后 3~10 天潜入蜂巢，开始在蜂箱的箱盖处、缝隙里、箱底板上的蜡渣里产卵。初孵化的蜡螟幼虫为乳白色，线状，很小，长约 0.8 毫米，仔细观察便能看到，所以称为蚁螟。蚁螟期的蜡螟在干燥物体的表面呈磕头状快速爬行，无固定的方向，可以从空中悬丝下垂，表现十分活跃，但在物体表面湿度大时则移动缓慢。蜡螟在蚁螟期以箱底的蜡屑为食，是其寻找寄生场所的主要时期。蜡螟孵化 1 天后即开始上脾，潜入巢房底部蛀食巢脾；孵化 3 天后则停止四处乱串，开始逗留在适宜生活的地方取食，并逐步向巢房壁钻孔吐丝，形成隧道；随着虫龄的增长，蜡螟幼虫老熟后，有的在巢脾的隧道里，有的在蜂箱壁上，有的在巢框的木质部，蛀成小坑，再结茧化蛹；然后羽化成成虫，继续在蜂箱缝隙中产卵繁殖，最终造成受侵害的蜜蜂幼虫不能封盖或封盖后被蛀毁，子脾出现"白头蛹"现象（彩图 7-15）。未找到食物或者适宜其生活繁殖场所的蜡螟大多会因体内养分耗尽而夭折。

【预防】

(1) 加强蜂群饲养管理 饲养强群，保持蜂多于脾或蜂脾相称，对较弱群进行适当合并，以增强蜡螟的抵抗力；保持巢脾上随时有充足的蜜和粉；选用新蜂王或优质蜂王，采用能维持强群、清巢能力较强的蜂种，提高蜂群抵抗蜡螟危害的能力；及时更换新脾，淘汰旧脾，可以有效地清除巢虫的生存空间。

(2) 保持箱内干净，定期清理箱底，清除卵块，捕杀成蛾与越冬虫蛹 在每年蜂群春繁时期，彻底清扫箱体，对蜂场进行全面清扫，利用开水浇灌箱底杀死蜡螟虫卵；在夏秋季节，针对巢虫危害的蜂群，抽出受害的封盖子脾，阳光曝晒10分钟左右，蜡螟幼虫即会爬到脾面上，然后用镊子取出杀死；在冬季最寒冷时段，将蜂箱、蜂脾置于户外，低温杀灭蜡螟卵及幼虫；对于被巢虫危害严重的蜂群，可从健康蜂群中抽1~2张子脾进行替换，把换下的巢脾化蜡或销毁。

【治疗】

(1) 浸泡 将蜂箱及空巢脾在1%的烧碱溶液或5%的石灰水中浸泡30小时左右，然后清洗后晾干，可以清除隐藏在其中的越冬蜡螟。

(2) 喷脾 针对遭受蜡螟危害严重的蜂群，可使用药物"巢虫净"等。具体使用方法：取一袋"巢虫净"（5克），加水稀释至1.5千克，混匀后喷洒巢脾，晾干后保存。每袋"巢虫净"可治300脾左右，7天后再喷1次，通常可保持半年。

(3) 熏蒸 熏蒸药物有：氧化乙烯、二溴乙烯、硫黄（二氧化硫）、二硫化碳、冰醋酸、溴甲烷等。具体方法为：用0.02毫克/升的氧化乙烯熏蒸巢脾24小时或用36毫克/升的二溴乙烯熏蒸巢脾1.5小时以上。

(4) 驱避 在每个蜂箱中放置10粒左右的八角果、少量的卫生球或在蜂箱底部撒盐，对蜡螟均可起到驱赶及预防的作用。

(5) 生物防治 用 BT 制剂喷脾或用苏云金芽孢杆菌压入巢础内。当蜡螟上脾危害时，蜡螟会食入苏云金芽孢杆菌，导致感病死亡，达到治疗的效果。

三、胡蜂

胡蜂属于膜翅目昆虫，是盗食蜂蜜、捕杀蜜蜂的蜂类（彩图7-16）。

【分布与危害】

胡蜂俗称大黄蜂，在世界上分布广泛，是世界养蜂业最主要的敌害之一。

胡蜂在我国南方各省为夏、秋季蜜蜂的凶恶敌害，沿海地区8~9月受害严重，而山区受害最为严重，特别是在9~10月最为猖獗，成年蜜蜂经越夏度秋，损失外勤蜂达20%以上，严重时，全场受害，蜜蜂举群逃亡。

胡蜂属有14种和19个变种。危害蜜蜂的胡蜂种类主要有以下几种：金环胡蜂、黑盾胡蜂、墨胸胡蜂、基胡蜂、黑尾胡蜂和黄腰胡蜂。其中，金环胡蜂、黑盾胡蜂、墨胸胡蜂捕杀蜜蜂最凶。

胡蜂侵害蜂群通常在每年的夏秋季节，常在蜂箱前1~2米处盘旋或停留在蜂场附近的树枝上，寻找机会捕猎外出采集的工蜂，甚至还可进入蜂箱，危害蜜蜂的幼虫及蛹，导致整个蜂群飞逃或毁灭。胡蜂捕杀蜜蜂后，咬掉蜜蜂的头部和腹部，只取食蜜蜂的胸部，然后带回巢内哺育幼虫。

【形态特征】

（1）**金环胡蜂**　雌蜂成虫呈褐色，常有褐色斑。头部呈橘黄色至褐色，中胸背板呈黑褐色，腹部背腹板呈褐色与褐黄相间。上颚呈橘黄色，近三角形，端部呈黑色。雄蜂体长约34毫米。

（2）**墨胸胡蜂**　雌蜂成虫头部呈棕色，上颚呈红棕色，端部齿呈黑色，胸部呈黑色，翅呈棕色，腹部1~3节背板均为黑色，第5~6节背板均呈暗棕色。雄蜂较雌蜂小。

（3）**黑盾胡蜂**　雌蜂成虫头部呈鲜黄色，上颚呈鲜黄色，端部齿呈黑色。中胸背板呈黑色，其余呈黄色，翅为褐色，腹部背腹板呈黄色，并在其两侧均有1个褐色小斑。雄蜂唇基部具有不明显的2个齿凸起。

（4）**基胡蜂**　雌蜂成虫头部呈浅褐色，上颚呈黑褐色，端部有4

个齿。中胸背板呈黑色，小盾片呈褐色。腹部除第 2 节为黄色外，其余均为黑色。

（5）**黑尾胡蜂** 雌蜂成虫头部呈橘黄色，上颚呈褐色，粗壮近三角形，端部齿呈黑色。前胸与中胸背板均呈黑色，小盾片呈浅褐色。腹部第 1～2 节背板呈褐黄，第 3～6 节背腹板呈黑色。

（6）**黄腰胡蜂** 雌蜂成虫头部呈深褐色，上颚呈黑褐色。中胸背板呈黑色，小盾片呈深褐色。腹部除第 1～2 节背板为黄色外，第 3～6 节背腹板均为黑色。雄蜂头胸呈黑褐色。

【生活史及习性】

胡蜂同蜜蜂类似，大部分营社会性群居生活，多营巢于树洞、树枝及屋檐下。胡蜂喜光，属于杂食性昆虫，喜食甜性物质。一群胡蜂有蜂王、工蜂和雄蜂，可多只蜂王同巢共存。胡蜂蜂王在秋季交尾受精后进入越冬期，第二年 3～4 月开始觅食、营巢、产卵。胡蜂蜂王寿命在 1 年以上。雄性胡蜂多出现在当年最后一代，与新蜂王交配后很快死亡。

胡蜂通常在气温为 12～13℃时开始出巢活动，16～18℃时筑巢，秋后气温降至 6～10℃时越冬。胡蜂一般在早晚、阴天或雨后活动，在春季中午气温高时活动最勤，而在夏季中午炎热时常暂停活动，晚间归巢后停止活动。

【诊断】

被胡蜂骚扰的蜂群巢门前会出现秩序紊乱现象，蜂箱前出现大量伤亡的青年蜂和壮年蜂，大多数为残翅、无头或断足状态。

【预防】

为了防止胡蜂从蜂箱的巢门或其他的缝隙、孔洞钻进蜂箱中，应加固蜂箱及巢门，尤其在夏秋季胡蜂危害特别严重的时期，要有专人守护蜂场，若有胡蜂前来骚扰可及时扑打。被胡蜂危害后巢门前的死蜂要及时清除干净，以防胡蜂下次来时攻击同一群蜜蜂。

在胡蜂危害季节，蜂箱不要有敞开的部分，巢门的开口尽量小（以圆洞状为最佳），或在蜂巢口安装金属隔王板或金属片，防止胡蜂攻入蜂箱内，并在胡蜂造巢取材的牛粪中喷洒杀虫剂。

【治疗】

（1）拍打法　在胡蜂危害季节，养蜂人员利用木片或竹片在蜂群巢门口或蜂场周围扑打消灭胡蜂。

（2）毒杀法

1）利用捕虫网抓住活体胡蜂，然后用防蜇手套，把"毁巢灵"（或其他杀虫粉剂）涂在胡蜂的背部，释放胡蜂归巢，利用胡蜂驱逐异类的生物学特性达到毁灭胡蜂全巢的目的。

2）可自制一支小型的铁箭，捆绑上一小块棉花，再沾上剧毒杀虫剂，用特制的组合长杆将此"毒箭"轻轻插入胡蜂蜂巢内，毒药则在胡蜂窝内快速扩散，甚至数十分钟便可将整窝胡蜂全部毒死。采用这种方法的优点是一般不会惊动胡蜂，保证人员安全。

（3）袋装法　位于住房窗户、阳台或较低部位的胡蜂巢，可用一个大的布口袋，将整个胡蜂巢装入袋中，然后摘除，摘除时动作要快、轻、准，通常情况下可将整窝胡蜂的成虫、幼虫全部消灭，但要防止被胡蜂蜇伤，注意自身保护。

（4）诱杀法　在广口瓶中装入 3/4 容积蜜醋（食醋＋蜂蜜）挂在蜂场周围，或用杀虫剂拌入剁碎的肉里，盛于盘内，放在蜂场周围诱杀前来骚扰的胡蜂。

注意　从生态平衡、保护森林方面讲，胡蜂属于益虫，故尽量不要杀绝。

四、茧蜂

危害蜜蜂的茧蜂主要是斯氏蜜蜂茧蜂，属于膜翅目茧蜂科优茧蜂亚科，主要寄生在中华蜜蜂的体内危害成年蜂。受害蜂群的主要特征是：巢门口附近聚集一些无飞翔能力、螯针不能伸缩、失去蜇人能力、腹部发黑的工蜂。

【分布与危害】

1960 年首次在贵州发现斯氏蜜蜂茧蜂，1973 年中蜂大量发病，受害区寄生率高达 20% 以上，严重削弱采集蜂的采集力和蜂群的群势。处于潮湿环境的蜂群，其被寄生率较高，常年均在 10% 左右。目前茧蜂在重庆、贵州、四川、湖北及台湾均有分布。

中蜂被茧蜂寄生后，初期无明显症状；到后期，工蜂的采集情绪下降，腹部色泽暗淡，大多数离脾，六足呈紧握状，附着于箱内壁或箱底，在巢门口踏板上可见腹部稍膨大、无飞翔能力、螫针不能伸缩、失去螫人能力、呈爬蜂状的被茧蜂寄生的工蜂（彩图 7-17）；待寄生的茧蜂幼虫老熟时，工蜂腹腔几乎被整个茧蜂幼虫充满（彩图 7-18），而后茧蜂幼虫从中蜂肛门处咬破其体壁爬出（彩图 7-19），工蜂在"产出"寄生蜂幼虫前表现出"急躁、四处爬动、前后翅上举"等症状，工蜂"产出"寄生茧蜂幼虫后约 30 分钟死亡。

解剖死亡工蜂可发现，1 只患病工蜂体内仅有 1 只寄生茧蜂幼虫，紧贴工蜂中肠（彩图 7-20）。寄生茧蜂幼虫为乳黄色，两头稍尖，可自行蠕动。

【形态特征】

茧蜂雌雄成虫体长 3～3.5 毫米，雌成虫较雄虫略长，体呈黑色，复眼呈黑色，3 只单眼凸起。触角呈线状，黑褐色。足褐色，后足腔节末端有刺。产卵器较长，伸出时约为腹部长度的一半。静止时，四翅平叠于体背。

蛹长约 4 毫米，初期体为浅黄色，触角黑色。茧白色，圆筒形，长约 6 毫米。

【生活史及习性】

茧蜂成年蜂常栖息于蜂箱内，无趋光性，飞行时呈摇摆状。寄生蜂常在蜜蜂腹节第 2～3 节的节间膜处产卵，产卵部位有 1 个小黑点，卵多着生于蜜蜂体内的蜜囊和中肠附近。茧蜂卵孵化成幼虫后即在蜜蜂体内取食，历时长达 40 天。老熟幼虫纵贯蜜蜂腹部，可占腹腔容积的 1/3 以上。后期老熟幼虫从蜜蜂的腹末破腹而出，大约 10 分钟以后，即可在蜂箱的裂缝、箱底隐蔽处吐丝作茧。斯氏蜜蜂茧蜂前几代蛹期为 11～13 天，而每年最后一代蛹期最长，以蛹在蜂箱下面越冬。

第七章

【防治】

对于寄生蜜蜂的茧蜂，目前尚无有效的防治措施，建议加强蜂群饲养管理，如果发现被寄生的蜂群，可在巢门附近放置几张报纸，将疑似被寄生的蜜蜂抖在报纸上，健康蜜蜂可及时飞起，被茧蜂寄生的蜜蜂则留在报纸上，然后将报纸和被寄生的蜜蜂一同焚烧。严重的蜂群必须进行销毁处理，避免被感染的蜂场随着蜂群的流动进一步扩散。

五、蚂蚁

危害蜜蜂的蚂蚁主要有大黑蚁和棕黄色家蚁两种。

【分布与危害】

蚂蚁是一种分布广泛的昆虫，特别在高温潮湿或森林地区分布最多。在蜂场内，蚂蚁在春、夏、秋三季活动频繁，并在盖布和蜂箱上产卵繁殖。

蚂蚁通常在蜂箱附近爬行，并从蜂箱缝隙处或巢门钻入蜂箱盗食蜂粮甚至搬运蜜蜂幼虫，受害的蜜蜂采蜜能力下降，蜂王减少或停止产卵，群势减弱，危害严重时造成蜂群飞逃（彩图 7-21）。

【预防】

1）把蜂箱垫高 10 厘米以上，蜂箱四周的杂草要清除干净。

2）将蜂箱放在 10 厘米以上的支架上，支架的四条腿放入盛水的容器中，从而隔断蚂蚁爬进蜂箱的路径。

3）在蜂箱周围均匀撒上生石灰、明矾或硫黄等驱避蚂蚁。

4）将烟叶在水中（烟叶和水的比例为1:1）浸泡20 天左右，将浸泡好的烟叶水喷洒于蜂箱四周。若在浸泡时加入苦灵果，则防蚁效果更佳。

【治疗】

1）用"白蚁净"等杀蚂蚁的药剂杀灭蚂蚁。找到蚂蚁窝的洞口，把"白蚁净"等投放进蚁窝内，则蚂蚁全巢杀灭。或将"白蚁净"等均匀撒在蚂蚁经过的路面上，注意用树叶、稻草等覆盖，以免伤及蜜蜂。

2）可用沸水浇毁蚁穴。

六、蜂箱小甲虫

蜂箱小甲虫对西方蜜蜂危害较为严重。

【分布与危害】

世界动物卫生组织（OIE）将蜂箱小甲虫列为蜜蜂六大重要病原体之一。1998 年，蜂箱小甲虫首次在美国被发现，对其养蜂业造成重大损失，随后传播到加拿大、意大利、澳大利亚、埃及、韩国、菲律宾及拉丁美洲的一些国家。据相关报道，蜂箱小甲虫已经在我国部分地区出现，但未造成严重的危害。

蜂箱小甲虫是一种寄生在蜂群内的杂食性昆虫，其成虫和幼虫以蜜蜂幼虫、蜂蜜和花粉为食，因而会导致蜜蜂幼虫死亡、蜂蜜酿造失败和巢脾损毁，常造成整个蜂巢坍塌、蜂群弃巢飞逃。蜂箱小甲虫在温暖高湿的地区危害明显高于低温干燥地区。

【形态特征】

蜂箱小甲虫的卵呈珍珠白色，一般 3 天可孵化。其幼虫呈乳白色，体表布满棘状凸起，在蜂巢内生活 13 天左右，待长到约 1 厘米长时进入土壤，3 天后化蛹，蛹期为 8 天。成虫呈灰色至黑色，椭球形，大小为 5.7 毫米 × 3.2 毫米左右。雌成虫的数量和体重略大于雄性。

【防治】

到目前为止还没有根治蜂箱小甲虫的方法，预防是防止蜂箱小甲虫危害的首选方法。经常检查蜂箱箱底是否有蜂箱小甲虫侵入。蜂箱小甲虫成虫不喜欢阳光，蜂箱打开时都躲到蜂箱的角落、缝隙或裂缝中避光。一旦在箱底检查到成虫，便要小心其幼虫危害。由于幼虫躲在封盖房内，打通巢房进行活动，一般在早期很难被察觉。

防治策略有以下几点。

（1）防止蜂箱小甲虫从巢门口进入蜂箱　饲养强群，有足够的守卫蜂执行守卫行为，缩小巢门以减少蜂箱小甲虫的进入。

（2）减少箱内的隐藏区域　查找填补蜂箱内的缝隙，减少蜂箱小甲虫隐藏区域和繁殖区域。

（3）尽量减少蜂箱小甲虫产卵　确保工蜂可以到达蜂箱内所有

第七章

区域，执行相应的卫生清理行为，减少或避免蜂箱小甲虫产卵。

（4）控制蜂箱外土壤中蜂箱小甲虫蛹期的发育　通过控制蜂箱外土壤中蜂箱小甲虫蛹期的发育，避免再次繁殖。

七、食虫虻

【分布与危害】

在北方的秋季，食虫虻对蜂群危害最严重。

食虫虻性情很凶猛，飞行敏捷，可轻易抱住飞行中的蜜蜂，将其口器刺入蜜蜂颈部的薄膜间，吸取蜜蜂血淋巴而致其死亡。

食虫虻对蜂群的危害情况不易被养蜂者发现，因为食虫虻身体相对较小，而且大多数在空中飞行时捕食蜜蜂，所以至今尚未引起养蜂者的注意。通常受食虫虻危害的蜂场多数只觉得蜂群群势逐渐下降，而查不出其原因。

【形态特征】

食虫虻成虫体长 30 毫米左右，身体呈黄色至黑色，夹有白色斑点，体粗壮，通常多毛；头部具有细小的颈，触角向前方伸展，足较长，腹部细长，有白色环纹。

【生活史及习性】

食虫虻完成 1 个世代为 1 年或 2 年。幼虫有 5～8 个龄期。食虫虻幼虫和成虫均为杂食性，可捕食几乎所有昆虫，广泛分布于田间或旷野，也经常逗留在蜂场周围。

【防治】

对食虫虻的防治一般采用人工扑打法。

因目前食虫虻对蜂群的危害尚未引起养蜂者的注意，故对其防治方法的研究还未深入。食虫虻产卵地点较分散，故难于集中除灭，防治方法暂时还只有用树枝或自制的网拍人工扑打。值得广大蜂农注意的是，食虫虻对蜂群的危害程度每年不同，危害重的年份应加强防范，避免造成蜂群秋衰。

八、天蛾

【分布与危害】

在我国，侵袭蜂群的天蛾主要是鬼脸天蛾、芝麻鬼脸天蛾和豆天

左侧标记：第七章

蛾。鬼脸天蛾主要分布于南方各省；芝麻鬼脸天蛾分布在华中和华南地区。

天蛾对西方蜜蜂影响不大，主要危害中蜂。天蛾成虫夜间窜入蜂箱盗食蜂蜜，并发出扑打声惊扰蜂群，影响蜜蜂巢内正常活动，严重时导致整个蜂群飞逃。

【形态特征】

天蛾的幼虫较肥大，体表光滑，表面多颗粒；成虫身体粗壮，前翅狭长，后翅较小，复眼明显，无单眼。天蛾的幼虫通常食树叶，而成虫吸食花蜜，飞翔力很强。大多数天蛾在夜间活动。

【生活史及习性】

天蛾在我国福建等南方地区1年繁殖4~5代，以蛹在土中越冬。白天天蛾成虫躲在暗处，夜间则飞出寻找取食花蜜或蜂蜜，如果嗅到蜂群中蜂蜜香味，就从巢门潜入蜂箱内盗食蜂蜜。如果蜂箱巢门太小不能进入，天蛾便在蜂箱周围利用腹部环节摩擦发声或在蜂箱外缝隙处干扰蜂群，达到惊扰蜂群的目的。

【防治】

1）夜间缩小蜂箱巢门，并且降低巢门的高度。

2）人工扑打或利用灯光诱杀成蛾。

3）将3%的晶体敌百虫用水稀释1000倍后加入糖浆中，将混合药物倒入海绵载体中，夜间投放于蜂场附近，翌日凌晨收回。

4）用"蜂蜜+白酒"放入容器中，罩上呈漏斗状开口的铁纱笼，当天蛾进入笼中取食蜜酒时可被淹死，从而达到防治的目的。

九、蟾蜍

【分布与危害】

蟾蜍，俗称癞蛤蟆。蟾蜍种类众多，分布广泛，遍布全国各地。蟾蜍食量很大，1个晚上1只蟾蜍可捕食100~200只蜜蜂（彩图7-22）。

【形态特征】

蟾蜍的体形肥大，头两侧有隆起的毒囊，背上有疣状突起，身体呈灰黑色，腹部白色。在炎热的夏季，蟾蜍白天隐藏在草丛中、石块下、泥洞中或蜂箱底下，晚间出来躲在蜂箱巢门口，捕食在巢门口扇风的蜜蜂。

【预防】

1）将蜂箱垫高 30～40 厘米，使蟾蜍难以接近蜂箱巢门。

2）及时清除蜂场周围的杂草、杂物，使蟾蜍无藏身之处。

3）夜间经常到蜂场检查，一旦发现有危害蜜蜂的蟾蜍，应立即将其驱赶。

4）挖沟防蟾蜍，在蜂场周围开一条宽 30 厘米、深 50 厘米左右的小深沟，白天用稻草、树枝等物将沟口盖上，夜间打开，当蟾蜍出来捕食蜜蜂时则会掉入沟里爬不出来，待白天将掉入沟里的蟾蜍收集起来，将其释放到距蜂场较远的田间。

> **注意**　蟾蜍可以消灭农田里很多害虫，对农业生产十分有利，所以防治蜂场蟾蜍应以防为主。

十、蜘蛛

【分布与危害】

蜘蛛在我国各地广泛分布，是非常常见的蜜蜂天敌。

蜜蜂一旦落入蜘蛛网中被粘住，一般很难逃脱，而蜘蛛一旦发现有蜜蜂落网，会迅速上前吐丝将其缚住，并用口器从蜜蜂颈部注入毒液，待蜜蜂的内脏全部被毒液溶化为液体后吸食，最后遭受危害的蜜蜂仅剩下一个空壳。在蜂场附近蜘蛛网上，常可以看到网着一些蜜蜂，有的刚被网住还在挣扎，有的则被吸食成空壳。在蜂王婚飞交尾的季节，处女蜂王也往往被蜘蛛捕杀。有的蜜蜂到树林中采集花蜜，也常常会遭到森林蜘蛛的危害（彩图 7-23）。

【生活习性】

蜘蛛大多栖息于农田、森林、果园等地方，在蜂场附近的墙角、屋檐、树间及草丛上面吐丝结网，通过吐丝结网，搭成有黏性、有规则的蜘蛛网，以此来捕食蜜蜂。

第七章

【防治】

养蜂者经常在蜂场内外进行巡查，发现有蜘蛛和新结的蜘蛛网要及时消灭，以保证蜜蜂的正常采集活动，也可采用杀虫剂对其灭杀，但要注意避免伤及蜜蜂。

十一、蜂虎

蜂虎有栗头蜂虎、栗喉蜂虎、黄喉蜂虎、绿喉蜂虎及蓝喉蜂虎等种类。

【分布与危害】

蜂虎在我国云南、新疆、四川和广东沿海等地均有分布。

大多数种类的蜂虎均是蜜蜂的敌害，通常认为采集蜂是在飞行中被蜂虎捕捉，蜂虎返回栖息地再进行食用。1 只蜂虎每天可吃掉 60 只以上的蜜蜂，更为严重的是，有时婚飞的处女蜂王也会被吃掉，给人工育王带来很多不利的影响。甚至蜂虎有时可结成 250 只左右的群体捕食蜜蜂，给蜂场带来灭顶之灾。

【生活习性】

蜂虎飞行敏捷，善于在飞行中捕食蜜蜂、胡蜂等；多数栖息于乡村附近的林地或丘陵，喜开阔的原野；集群生活，往往数百只蜂虎生活在同一巢区内；在堤坝的高处挖洞为巢或在山地坟墓等隧道中筑巢。蜂虎每窝产 2~6 枚卵，卵呈白色且略带粉红色，椭球形，大小为 26 毫米×22 毫米左右。

【防治】

1）因地区不同，对蜂虎的防治也有所差异，当蜜蜂受到蜂虎过度捕食时，可用惊吓的方法进行驱赶或者采取将蜂场搬离的措施。

2）在山区流蜜期结束后，应将蜂群转移到半山区或平原区，这是增加采蜜量和防止鸟类危害蜜蜂的有效方法之一。

十二、啄木鸟

啄木鸟有 180~200 种，大多数为留鸟，少数种类具有迁徙性。

【分布与危害】

啄木鸟在全国各地均有分布。啄木鸟飞到蜂场，用尖利的嘴啄蜂箱板，啄破后到邻近的蜂箱上继续破坏蜂箱。它用长而坚硬的嘴在巢牌上乱啄，在其中寻找食物，严重毁坏巢脾，最终导致巢破蜂亡，尤其对越冬蜂群具有严重的危害性。

【生活习性】

大多数啄木鸟终生在树林中度过，在树干上螺旋式地攀缘搜寻昆虫，只有少数在地上觅食的种类能栖息在横枝上；夏季常栖息于山林间，冬季大多迁至平原近山的树丛间，春夏两季大多吃昆虫，秋冬两季兼吃植物；在树洞里营巢，卵为纯白色。

【防治】

冬季蜂群排泄前后要严加防范；蜂箱摆放不要过于暴露，不宜过高；蜂箱宜采用坚硬的木料进行钉制或用铁丝网包裹；也可用惊吓的方法使啄木鸟离开。

十三、鼠

【分布与危害】

在我国，危害蜜蜂的主要有家鼠和田鼠两种。鼠多在蜂群越冬时进入蜂场，从巢门或缝隙处进入蜂箱，咬坏巢脾，盗食蜂粮，甚至吃掉蜜蜂，导致蜂群不安，最终冻饿而灭亡；严重时，可使数十箱蜜蜂群势削弱或灭亡。此外，鼠可通过水、蜂产品、蜂箱、蜂具和巢脾等向人传播疾病。

【生活习性】

与家鼠相比，田鼠尾较短，生活于田野，在地下打洞，盗食农作物。而家鼠生活在人畜房舍中，盗食人畜食物。二者繁殖能力极强。

【防治】

传统灭鼠方法有堵洞、烟熏、水灌、设捕鼠夹和粘鼠板等，也可饲养猫捕捉鼠类。另外，要注意缩小巢门或加铁丝网等。

十四、熊

在我国，最常见的熊是亚洲黑熊，属于珍稀物种。

【分布与危害】

黑熊对山区的蜂群危害极大，盗食蜂蜜，破坏蜂箱，1 只熊 1 夜能毁掉 1~3 群蜜蜂，严重时可毁掉整个蜂场。

【生活习性】

黑熊一般生活在森林中，特别是植被茂盛的山地。在夏季时，黑熊常在海拔 3000 米的山地活动，而在冬季则会迁居到海拔较低的密林中去。黑熊属于杂食性动物，主要食物是植物，如嫩叶、竹笋、苔藓和各种浆果等，也捕食各种昆虫、蛙和鱼类等，特别喜爱蜂蜜。

【防治】

如果蜂场有条件可建立电网；曾经遭受过黑熊危害的蜂场也可将蜂箱悬吊起来，离地 2 米左右，则可避免黑熊的危害；夜间也可在蜂场外点灯进行驱避。

第八章 蜜蜂中毒的诊治

一、农药引起的病害

蜂群农药中毒是蜂场周边施用了对蜜蜂有毒害作用的农药，导致蜂群急性或慢性中毒的现象，其主要特征是：蜂箱口出现大量已死或将要死亡的蜜蜂，死蜂后足仍带有花粉团，严重时蜂箱内的幼虫和青年工蜂中毒死亡，甚至全群死光，子脾有时出现"跳子"，蜂群出现凶暴等现象，这种现象遍及整个蜂场。

【危害】

农药的不规范使用可导致蜜蜂急性或慢性中毒，甚至整个蜂场灭亡。

【症状】

不同类型的农药，蜜蜂中毒后会呈现不同症状。

（1）**有机磷农药** 包括二溴磷、速灭磷、敌敌畏、久效磷、马拉硫磷、磷胺、特普、毒死蜱等。中毒典型症状有：一般有呕吐（蜂体潮湿），不能定向行动，精神不振，有许多蜜蜂留在箱内直到麻痹和死亡。中毒蜜蜂腹部膨胀，无规律地试图打扫自己，绕圈滚转；双翅张开竖起，但常连在一起。大部分中毒的蜜蜂死在箱内。

（2）**氯代氢烃类农药** 包括艾氏剂、氯丹、滴滴涕、狄氏剂、异狄氏剂、七氯、毒杀芬等。中毒典型症状有：行动反常，震颤，好像麻痹一样拖着后退，双翅相连，张开竖起。尽管发生以上症状，但是有许多蜜蜂直到死前不久，仍然能飞到野外去。因此，大多数中毒的蜜蜂不仅会死在箱内，也会死在采集地点及采集地点到蜂群之间的路上。

（3）**氨基甲酸酯类农药** 包括西维因（胺甲萘）、虫螨威（卡巴呋喃、呋喃丹）、灭害威、敌蝇威、自克威、灭多虫（甲氨叉威）等。中毒典型症状有：开始时爱寻衅螫人，行动不规则，接着不能飞翔，昏迷，好像受了冷冻一样地麻木，随即呈麻痹垂死状，最后死亡。大多数蜜蜂死在蜂群里，蜂王常常停止产卵。

（4）二硝酚类农药　包括敌螨普（开拉散、消螨普）、二硝甲酚、消螨酚、地乐酚等。中毒典型症状有：类似氯代烃类农药中毒后的症状，但常常伴随着像有机磷中毒一样的症状，即从消化道中呕吐出一些物质。大部分受害的蜜蜂常死在蜂群里。

（5）植物性农药　包括除虫菊、丙烯菊酯（丙烯除虫菊）及合成除虫菊酯、灭虫菊（苄呋菊酯）、烟碱（尼古丁）、鱼藤酮、鱼尼汀及沙巴草等。中毒典型症状有：高毒性的合成除虫菊酯类可引起呕吐，同时出现不规则的行动，随即不能飞翔，昏迷，然后是麻痹、垂死状，迅速死亡。中毒蜂常死于采集地区和蜂群之间。这类农药中的其他农药，在田间使用标准剂量时，对蜜蜂没有毒性。

（6）细菌农药　包括苏云金芽孢杆菌等。这种细菌制剂对某些昆虫有毒性，但常规杀虫的剂量对蜜蜂没有毒性。

（7）昆虫病毒农药　包括多羧病毒、克虫病毒等。至今没有发现病毒传染性杀虫剂对蜜蜂有毒性。

（8）昆虫激素及昆虫生长调节剂　包括蒙五一五、蒙五一二等。这类化学药物对蜜蜂成虫没有毒性，但对蜜蜂的卵、幼虫及蛹是否有毒性目前还不清楚。

综上所述，蜜蜂农药中毒后，常出现下列症状。

1）全场蜂群突然出现大量死蜂。采集蜂多的强群死亡量大，采集蜂少的蜂群死亡量少，用幼蜂组成的交尾群几乎无死蜂。中毒蜜蜂往往很不安静，性情暴烈，常追螫人畜。中毒严重的蜂群，甚至在一两天内全部死亡。

2）不少蜜蜂死于采集地或回巢途中。大量的中毒蜂在飞回蜂箱以后才死亡。受速效性剧毒农药毒害的蜜蜂，蜜囊里饱含花蜜，花粉筐内还带有花粉团（彩图 8-1、彩图 8-2）。采集蜂将有毒的花蜜和花粉带回巢内，会造成大批哺育蜂和幼虫中毒死亡。

3）巢门前有大量中毒蜜蜂。其中有的蜜蜂已经死亡或即将死亡，有的不能或只能做短距离飞行，有的肢体失灵、颤抖，后足麻痹，在地上乱爬、翻滚、打转。死亡后两翅张开，腹部内弯，喙伸出（彩图8-3）。如拉出肠道，可见中肠已缩短到3～4毫米，肠道空，环纹消失。

4）箱底上有很多死蜂。提起巢脾，中毒工蜂无力附脾而坠落箱底（彩图8-4），能继续爬附在脾上的蜜蜂因疲软无力而不断向下滑动，不能远飞，只能飞落在箱中或地上。蜂体和巢脾由于蜜蜂吐出的蜜水而显得潮湿。

5）子脾上有时出现"跳子"现象。即蜜蜂幼虫从巢房脱出而挂于巢房口，有的幼虫落在箱底上（彩图8-5）。如果在蜂群中加入了粘有剧毒农药的蜜脾或巢脾，不但会发生"跳子"现象，而且蜜蜂还常离开巢脾，爬出巢门，在箱底或地上结团，有时还飞到离蜂箱很近的树上结团，蜂王也随之飞出。

【预防】

为了保护蜜蜂为农作物授粉，许多国家已用法律形式对蜜蜂加以保护。为避免发生农药中毒，养蜂场和喷药单位应密切配合，共同研究施药时间、药剂种类及施用方法。蜂场对蜂群宜采取相应的管理和预防措施。

1）在各种授粉作物开花期间，禁止喷洒对蜜蜂有毒害的农药。急需在开花期施药时，应选用高效低毒、残效期短的农药，并用防治有效的最低剂量，尽可能使其对蜜蜂无害。如果必须在花期大量喷洒对蜜蜂有剧毒的农药，喷药单位应在施药前通知5000米以内的养蜂场，养蜂场在施药前1天晚上关闭巢门，以防止蜜蜂前往喷药区采集。若在早晨施药，要用粗麻布或深色塑料布遮蔽蜂群1～2小时，以保护蜜蜂。巢门关闭期限分别为：喷洒烟碱、除虫菊、杀虫剂和除莠剂时为4～6小时；喷洒内吸磷时为1昼夜；喷洒甲基对硫磷时为2昼夜；喷洒对硫磷时为3昼夜；喷洒砷和氟的无机药剂时为4～5昼夜。喷洒其他农药时，可根据其残效期长短，参照上述原则幽闭蜂群。在蜂群的幽闭期间，盖上纱盖或加空继箱，以扩大蜂巢，使巢内空气流通；做好遮阴工作，保持箱内不透光和蜂群安静。如果幽闭时间长，可在傍晚蜜蜂停止飞翔时将巢门打开，翌日早晨在蜜蜂未飞出以前关闭巢门。在幽闭期间，经常观察箱内情况，保证箱内有供蜜蜂食用的蜜和花粉，多喂水。如果在开花前或开花后施药会有同样效果，宜在开花后施药；药效长的药剂宜在花期以后喷洒。

2）在花期，蜜蜂未出巢采集前的早晨施药比较安全，晚上更安全。同一种杀虫药剂，一般粉剂的毒性高于喷雾，油剂及浓缩剂的毒性又高于一般的乳剂及悬浮剂，施用水悬液喷雾对蜜蜂较为安全。内吸性农药可用根部施药、涂茎等方法，对蜜蜂也较安全。

3）在不影响农药药效和不损害作物的前提下，可在农药内加入适量的驱避剂，尤其是在用飞机大面积或频繁施用农药时，更需添加驱避剂，如石炭酸、硫酸烟碱、煤焦油等。

4）在蜂场附近喷洒农药时，箱盖和巢门板需用草遮盖。喷洒到蜂箱上的农药，可用碱水或肥皂水洗刷。最安全的措施是在喷药前将蜂群运离喷药区 5000 米以外，待药效散失后再运回。

5）养蜂场不应存放和使用对蜜蜂有剧毒的药品。不用未经洗刷的容器盛蜂蜜和其他饲料，不用喷洒过农药的喷雾器喷蜂、喷脾，不用装过农药的车厢装运蜂群，禁止有毒的农药污染水源。

6）培育抗农药的蜜蜂品种和抗病虫害的作物品种。美国等国家开展了培育抗农药蜜蜂品种的研究，许多国家的作物育种家也早已进行了培育抗病虫害作物品种的研究并已经取得成功，在这两方面取得的成果，都会减少或避免蜜蜂农药中毒。

【急救方法】

对农药中毒的蜂群，尚无有效治疗方法。急救的一般措施如下。

（1）清除巢脾上的有毒饲料 将蜂群迁离施药区，同时清除巢脾上的有毒饲料，将被农药污染的巢脾放入 2% 的苏打溶液中浸泡 12 小时左右，脾上的饲料即可软化流出，用水冲洗干净后，再用摇蜜机将巢脾上残留的饲料和水甩出，晾干后备用。

（2）立即饲喂稀薄的糖浆或蜜水（蜂蜜 1 千克加水 4 千克） 饲喂稀薄的糖浆或蜜水不仅可以供给蜜蜂所需要的水，同时还可收到奖饲效果，促进蜂群繁殖，恢复群势。

（3）饲喂解毒剂 如敌敌畏、对硫磷、内吸磷、乐果等有机磷类药物引起的中毒，可用 0.05% ~ 0.1% 的硫酸阿托品或 0.1% ~ 0.2% 的解磷啶溶液喷脾解毒。对有机氯类药剂引起的中毒，可在 250 克蜜水中加入 20% 的磺胺噻唑注射液 3 毫升（或片剂 1 片），搅匀喷脾。

> 若蜂场周边 5000 米范围内要喷洒对蜜蜂有毒的农药，则迁场是上策。若在温度较低的季节，或一时无法迁场的蜂群，可采用幽闭的方法。将巢门完全关闭，蜂箱用湿麻袋覆盖，尽量降低温度、光线强度，使蜂群保持安静，但幽闭的时间不能太长，最多 3 天，3 天后要在傍晚蜜蜂停止飞翔时将巢门打开，第二天一早在蜜蜂未飞出以前再关闭巢门。

二、植物中毒

蜜蜂植物中毒是蜜蜂采食植物的有毒花蜜或花粉后，引起麻痹、颤抖、痉挛甚至死亡的现象，其主要特征是：某些局部地区，每年相同时期蜂群表现出中毒症状，但蜂群的中毒程度每年不同。

【危害】

蜜蜂植物中毒一般只局限于某些地区，对蜜蜂的危害相对于农药中毒小一些。然而在某些情况下，某种植物的花蜜和花粉也会给蜂群带来严重损失。在蜜蜂所采的无数植物中，对蜜蜂或其幼虫有毒的种类只有少数。它们危害的程度因环境条件的不同和其他无毒蜜粉源植物的竞争而有差异。有的植物表现为花蜜中毒，有的为花粉中毒，有的则是蜜露中毒。

【症状】

有毒植物对蜜蜂的毒害有花蜜中毒和花粉中毒两种。如果是花蜜中毒，中毒症状往往在开花期出现，随花期的结束而消失；如果是花粉中毒，症状可以一直拖延到巢脾的花粉用完为止。

植物中毒比农药中毒较为渐进，时间拖得较长，通常每年在相同时期和地区会重复出现，危害程度每年不同。

当成年蜂中毒时，在箱门口，离蜂箱一段距离的地面和植物的周围会出现成堆的死蜂。新出房的幼蜂会出现麻痹状，无力地在地面爬行，翅膀扭弯、起皱，或者不能从它的腹部蜕下最后的蛹皮。

幼虫发生植物中毒后，从卵的孵化至幼蜂出房均可能发生死亡。死亡的幼虫不会呈现棕褐色或黑色。

蜂王有时也会发生植物中毒，受七叶树中毒后的蜂王所产的卵要么不能孵化，要么孵化后的幼虫很快死亡。有时蜂王中毒后不产卵，或只能产雄蜂卵，行为出现反常。由于蜂王中毒，蜂群中蜜蜂的死亡率相当高。

不同的有毒植物由于含有不同的毒素，因此对蜜蜂毒害的症状不同。现将有毒植物种类及典型症状介绍如下。

（1）雷公藤　雷公藤别名黄蜡藤、菜虫药、断肠草，为卫矛科藤本灌木（彩图 8-6）。单叶互生，呈卵形至宽卵形；聚伞圆锥花序顶生或腋生，被锈色短毛；花小，呈黄绿色。雷公藤分布于长江以南以及华北至东北各地山区。开花期在湖南为 6 月下旬，云南为 6 月中旬至 7 月下旬，泌蜜量大。当开花期遇到大旱，其他蜜源植物少时，蜜蜂会采集雷公藤的蜜汁而酿成毒蜜。蜜呈深琥珀色，味苦而带涩味，含有毒物质——"雷公藤碱"，人不可食用。蜜蜂采回后也会发生烂子和蜂王死亡现象。

（2）昆明山海棠　昆明山海棠别名大叶青藤，为卫矛科藤本灌木（彩图 8-7）。单叶互生，呈椭圆形或阔卵形；花小，呈浅黄白色，顶生或腋生，为大型圆锥花序。昆明山海棠主要分布于长江流域以南至西南各地。开花期为 6～8 月，花蜜丰富。全株剧毒，花蜜中含有雷公藤碱，人不可食用。蜜蜂采回后也会发生烂子和蜂王死亡现象。

（3）藜芦　藜芦别名大藜芦、山葱、老汉葱，为百合科多年生草本。已知报道对蜜蜂有毒的藜芦植物有蒜藜芦、兴安藜芦、加州藜芦。高约 1 米；叶互生，基生叶阔呈卵形；复总状圆锥花序，花絮轴中部以上为两性花，下部为雄花，花冠呈暗紫色。藜芦主要分布于东北林区，河北、山东、内蒙古、甘肃、新疆、四川也有分布。开花期在东北林区为 6 ~ 7 月，蜜粉丰富。花粉含有藜芦碱，具有杀虫和毒害蜜蜂的特性。蜜蜂采食后发生抽搐、痉挛，有的采集蜂来不及返巢就死亡，并能毒死幼蜂，造成群势急剧下降。有其他蜜源存在时，蜜蜂会放弃对藜芦的采集。

（4）苦皮藤 苦皮藤别名苦皮树、马断肠，为卫矛科藤本灌木。单叶互生，叶片为革质，呈矩圆状宽卵形或近圆形；聚伞圆锥花序顶生，花呈黄绿色。开花期为 5 ~ 6 月，粉多蜜少。含有单宁、皂素、生物碱，全株剧毒。蜜蜂采食后腹部胀大，身体痉挛，尾部变黑，吻伸出呈钩状死亡。苦皮藤主要分布于陕西、甘肃、河南、山东、安徽、江苏、江西、福建北部、广东、广西、湖南、湖北、四川、贵州、云南东北部等地。

（5）博落回 博落回别名野罂粟、号筒杆，为罂粟科多年生草本（彩图 8-8）。单叶互生，呈阔卵形；圆锥花序，花呈黄绿色而有白粉，雄蕊多，呈灰白色。开花期为 6 ~ 7 月，蜜少粉多。蜂蜜和花粉对人和蜜蜂都有剧毒。博落回主要分布于湖南、湖北、江西、浙江、江苏等省。

（6）乌头 乌头别名草乌、老乌，为毛茛科多年生草本。叶互生，呈卵圆形，三深裂近达基部，两侧裂片再二裂，上部再浅裂。总状花序顶生或腋生，萼片呈花瓣状，青紫色，上方萼片呈盔状，两侧萼片近圆形，雄蕊多。含有对哺乳动物毒性很高的乌头碱。开花期为 7 ~ 9 月，泌蜜量中等。花蜜和花粉对蜜蜂有毒，蜜蜂取食花粉后 25 分钟会出现中毒现象，足麻痹，整个体躯痉挛，最后导致死亡，蜂王和雄蜂也会发生中毒。乌头主要分布于东北、华北、西北和长江以南各地。

（7）羊踯躅 羊踯躅别名闹羊花、黄杜鹃、老虎花，为杜鹃花科落叶灌木。叶长，呈椭圆形至长圆状披针形，下面密生灰白色柔毛；伞形花序顶生，有花 5 ~ 12 朵，花冠呈黄色，阔漏斗形。开花期为 4 ~ 5 月，有蜜有粉，对蜜蜂和人都有害。羊踯躅主要分布于江苏、浙江、江西、湖南、湖北、四川、云南等省。

（8）八角枫 八角枫别名包子树、勾儿花、白金条，为八角枫科落叶灌木或小乔木。叶互生，呈长圆形或卵圆形；二歧聚伞花序腋生，有花 3 ~ 30 朵，花瓣初时白色，后变成黄色。其主要成分为八角枫酰胺、八角枫碱等。开花期为 6 ~ 9 月，有蜜有粉，蜜粉有弱毒。八角枫主要分布于台湾、海南、广东、广西、云南、四川、贵州、湖北、湖南、河南、江西、福建、浙江、江苏、安徽、陕西、甘肃等地。

（9）钩吻 钩吻别名胡蔓藤、断肠草，为马钱科常绿藤本。叶对生，呈卵状长圆形至卵状披针形；聚伞花序顶生或腋生，花小，呈黄色，花冠呈漏斗状。开花期为 10 ~ 12 月或 10 月至第二年 1 月，花期长达 60 ~ 80 天，蜜粉丰富。全株剧毒，含有钩吻碱等。钩吻主要分布于广东、海南、广西、云南、贵州、湖南、福建、浙江等地。

（10）曼陀罗 曼陀罗别名醉心草、狗核桃，为茄科直立草本（彩图 8-9）。单叶互生，呈阔卵形；花常单生于茎枝或分叉间或腋间，直立，花萼呈筒状，花冠呈白色或紫色，漏斗状。其主要成分为类似阿托品、天仙子胺、天仙子碱的毒素，蜜蜂偶尔采集，其蜂蜜对人有毒，花蜜和花粉对蜜蜂都有毒。曼陀罗开花期为 6 ~ 10 月，主要分布于东北、华东、华南等地。

（11）油茶 油茶别名茶籽树、茶油树，为山茶科常绿灌木或小乔木。单叶互生，革质，呈椭圆形、卵状椭圆形或倒卵状长圆形，边缘有细锯齿。花呈白色，有 1 ~ 3 朵，腋生或顶生。研究表明，每 100 克油茶花蜜中含有果糖和葡萄糖 56.8 克、棉籽糖 7.0 克、水苏糖 8.4 克、茶碱 2.07 克、生物碱 8.4 克。蜜蜂采食油茶蜜中毒的原因是棉籽糖、水苏糖中的半乳糖造成蜜蜂消化和代谢障碍。开花期为 9 ~ 12 月，花期长达 50 ~ 60 天。蜜粉十分丰富，但其蜜粉对蜜蜂有害，会造成烂子，引起成年蜂腹胀、不能飞行、在巢口爬行、无抽搐和痉挛等中毒现象。油茶主要分布于湖南、湖北、江西、浙江、福建、广东、广西、四川等地。

（12）喜树 喜树别名旱莲木、千仗树，为紫树科落叶乔木（彩图 8-10）。叶互生，纸质，全缘或呈波状。花单性同株，多排成头状花序，雌花顶生，雄花腋生，花被呈浅绿色。喜树含有喜树碱和其他成分。开花期在 6 ~ 8 月，蜜粉有毒。蜜蜂采食后，对蜂群危害严重，造成群势急剧下降。喜树主要分布于浙江、江西、湖北、湖南、四川、云南、贵州、广西、广东、福建等地。

(13) 狼毒 狼毒别名断肠草、拔萝卜、燕子花，为瑞香科多年生草本。叶互生，无柄，叶呈椭圆形或椭圆状披针形，全缘。头状花序，花被呈筒状，紫红色；上端 5 裂片，呈白色或黄色，有紫红色脉纹。全株含有植物碱和无水酸，剧毒。开花期为 5 ~ 7 月，有蜜有粉，蜜粉对蜜蜂和人都有毒。蜜蜂采集其花粉后会瘫痪死亡，年幼内勤蜂比外勤蜂更敏感，幼虫没有出现中毒症状。狼毒主要分布于辽宁、吉林、黑龙江、内蒙古、河北、河南、山西、甘肃、青海、四川、云南、贵州、西藏等地。

(14) 枣树 枣树别名红枣、大枣、白蒲枣，为鼠李科，在我国数量多，分布广（彩图 8-11），主要分布于河北、山东、山西、河南、陕西、甘肃等黄河中下游冲积平原地区，其次为安徽、浙江、江苏等省。枣树为落叶乔木，高达 10 米。叶互生，呈长圆状卵形至卵状披针形。花 3 ~ 5 朵，簇生于脱落性的腋间，为不完全的聚伞花序，花呈黄色或黄绿色。枣树耐寒力强，也耐高温，耐旱耐涝。开花期为 5 月至 7 月上旬，因纬度和海拔不同而异，花期长达 25 ~ 30 天。气温为 26 ~ 32℃，相对湿度为 50% ~ 70% 时，泌蜜正常。每群蜂可产蜜 15 ~ 25 千克，有时可高达 40 千克。蜜多粉少。枣花蜜中因含有生物碱而引起蜜蜂中毒。蜜蜂中毒初期表现为腹部膨大，飞行能力逐渐丧失，坠落于蜂箱附近做跃式爬行，腹部不断抽搐，死后双翅张开，腹部钩缩，吻伸吐。高温干燥时，病情更加严重。

(15) 茶树 茶树别名茶叶树、茶叶，山茶科，为灌木或小乔木（彩图 8-12）。叶互生，薄革质，呈椭圆形或卵状披针形，边缘有锯齿。花 1 ~ 2 朵，腋生，呈白色，花柄下弯；花瓣有 7 ~ 8 个；雄蕊多。一般开花期为 9 ~ 12 月，陕西、甘肃为 9 ~ 11 月，花期长达 50 ~ 70 天。茶树在我国主要分布于长江中下游及以南各省区和台湾。茶花泌蜜丰富，花粉多。通过研究证实，蜜蜂茶花中毒烂子，是由茶花花蜜引起的而不是茶花花粉引起的。茶花蜜含有较高的多糖成分，对

蜜蜂幼虫有较高毒性，在茶树开花后期会引起幼虫大量腐烂，成年蜂一般不表现症状。干旱时中毒严重。

（16）**紫杉树** 紫杉树的叶片和浆果对哺乳动物有毒，含有一定量的有毒生物碱和昆虫蜕皮激素。蜜蜂采集紫杉树花粉会中毒死亡，肠内充满花粉。

（17）**郁金香** 郁金香是一种普通的庭园花卉，含有对蜜蜂有毒的甘露糖和半乳糖。采集郁金香花的蜜蜂会死于花上。

（18）**毛茛属植物** 毛茛属植物含有剧毒的原白头翁素，在春天植物开花时对蜜蜂威胁较大，其花粉的毒性可维持 3 年之久。内勤蜂中毒后，在巢门口颤抖着无法飞行，足失去控制，背朝下猛烈地旋转，很快瘫痪死亡。死蜂的腹部收缩呈弓形，四肢痉挛，翅膀张开。

（19）**黄檗** 黄檗果实、种子和树皮含有阿朴啡、原小檗碱（黄连素）和一些生物碱。蜜蜂取食黄檗蜜露 2～3 天后死亡，用这种蜜露酿制而成的蜂蜜饲喂蜜蜂，7～10 天蜜蜂会出现死亡。

（20）**大戟属植物** 大戟属植物包括银边翠和一品红等。其花蜜对人和蜜蜂有毒，人取食蜂蜜后喉咙有火烧感觉。蜜蜂取食其花粉和花蜜后蜂体麻痹，腹部蜷缩，翅膀张开，在踏板走动时，足由于无力只做曲线运动。饲喂花粉代用品能减少蜜蜂对有毒植物的采集。

【诊断】

主要通过不同植物中毒症状来初步诊断，如要确诊需取脾上花粉用 400 倍显微镜观察花粉形态，根据有毒植物花粉的形态特征及彩色图谱，可以容易地鉴定出是哪种有毒植物。目前部分有毒蜜源如雷公藤，已研究出了快速检测方法。

【预防】

（1）**掌握蜜蜂中毒条件** 蜜蜂的花蜜和花粉中毒，常常是在有毒植物生长集中，开花量大，天气干旱，气温较高，蜜粉源植物稀少的条件下发生的。遇有这些情况，应注意预防。

（2）**正确选择蜜源场地** 通过调查，选择有毒植物少、蜜源植物多的场地。例如：秦岭山区白刺花场地，选苦皮藤少的蜜源场地；东北林区椴树场地，选藜芦少的蜜源场地。

（3）**避开有毒植物危害** 根据蜜源植物和有毒植物花期及特点，采取早退场、晚进场、全迁场的办法，避开有毒植物的危害。例如：华东棉花场地，喜树花后进场；秦岭狼牙刺场地，不等蜜源结束早退场，以防苦皮藤毒蜂；东北林区椴树场地，藜芦生长多的年份，将蜂场临时迁走，能有效地防止有毒植物危害。

（4）**适时种植人工蜜源** 例如，东北林区4月下旬种芥菜和油菜，6月中旬芥菜、油菜和藜芦同时开花，不但能减轻藜芦危害，还能促进蜂群繁殖。

（5）**清除周围有毒植物** 根据实际情况，挖除有毒植物老根，药杀有毒植物植株，打断有毒植物花穗，如此长期坚持，定能减少有毒植物。

（6）**饲喂相应解毒药剂** 遇有蜜蜂中毒现象，及时喂给解毒剂和酸饲料等，能减轻毒害。

（7）**加强蜂群饲养管理** 根据天气、蜜源和蜂群情况，调节蜂场和蜂巢的温度和湿度，及时取出有毒蜜粉，换以优质饲料等。

（8）**严禁生产有毒蜜粉** 在有毒蜜粉源植物花期时不能生产有毒蜂蜜和花粉，并于花期过后彻底清巢，以防产品污染。

【解毒方法】

蜜蜂植物中毒时一般只能迁场，没有好的解毒方法，但油茶和茶花在花期可使用"油茶蜂乐"来减轻蜜蜂的中毒程度，枣花可用酸性饲料（在糖水比为1:1的糖浆中加入0.1%的柠檬酸或醋酸）饲喂蜂群来减轻中毒。

三、甘露蜜中毒

甘露蜜中毒是由于蜜蜂采集吸食甘露蜜而引起中毒的一种生理性病害，其主要特征是：采集蜂中毒死亡，而且是强群较弱群重，蜜蜂腹部膨大，下痢，在巢框、箱壁及巢门前排出大量粪便。

【危害】

甘露蜜是蜜蜂采集甘露酿制而成的甜物质。甘露主要是蚜虫、蚧等昆虫吸食植物叶片或树枝所分泌的甜汁，经消化吸收后，排泄于植物表面的一种含糖的代谢物。甘露蜜中，葡萄糖和果糖含量较少，蔗糖较多，还含有大量糊精、矿物质和松三糖。甘露的毒性主要是由于它含有较多的矿物质，特别是钾。糊精是蜜蜂不易消化的物质。松三糖是使甘露蜜结晶的主要成分，含有松三糖的甘露蜜结晶快，甚至在巢脾里也会结晶。在冬季，蜜蜂常因无法食用结晶的甘露蜜而被饿死。此外，甘露蜜又往往被细菌或真菌等微生物污染，产生毒素，这也是蜜蜂取食后引起中毒的原因之一。

【症状】

该病的主要特征是采集蜂中毒死亡，而且是强群较弱群重，大幼虫在取食甘露蜜的混合蜂粮后，也会受害，并被工蜂拖出蜂箱。越冬期间，如果蜜蜂取食含有甘露蜜的饲料，也同样患病。中毒蜜蜂腹部膨大，下痢，在巢框、箱壁及巢门前排出大量粪便。解剖观察时，蜜囊膨大，呈球状；中肠呈黑色，微破裂，内含物为黑色絮状沉淀；后肠呈蓝色至黑色，其中充满暗褐色至黑色的粪便。病蜂萎靡抑郁，有的从巢脾上和隔离板上跌落于箱底，还有的在箱底和巢门附近缓慢爬行，无力飞翔，许多病蜂死于箱内和箱外。严重时，蜂王也患病死亡。

【诊断】

（1）解剖病蜂诊断　观察消化道，如与上述症状中所描述的情况一致，即可初步诊断为甘露蜜中毒。

（2）蜂蜜石灰水检验法诊断　当怀疑蜜蜂为甘露蜜中毒时，可从蜂群中取新采进的蜂蜜用等量蒸馏水稀释，稀释后取稀释液2毫升放入试管中，然后加饱和的石灰水上清液4毫升，充分摇匀后在酒精灯上加热煮沸，然后静置数分钟，若出现棕黄色的沉淀，即证明含有甘露蜜。

（3）蜂蜜酒精检验法诊断　当怀疑蜜蜂为甘露蜜中毒时，可从蜂群中取新采进的蜂蜜用等量蒸馏水稀释，稀释后取稀释液2～3毫升放入试管中，然后加95%乙醇至80毫升摇匀，若出现白色混浊或沉淀，即证明含有甘露蜜。

【预防】

1）在外界蜜源结束前，除应留足蜂群越冬所需的饲料外，还应及时将蜂群迁往附近无松树、柏树的地方，以避免蜜蜂前去采集甘露蜜。

2）秋季蜂群如果缺蜜或少蜜，应及时补喂，可促进蜂群繁殖；培育一批适龄越冬蜂；还可以使蜜蜂少去采集甘露蜜，从而减轻中毒的程度。

3）已采集甘露蜜的蜂群，在越冬前应将蜂箱内的甘露蜜全部取出，另喂优质的蜂蜜或糖浆作为越冬饲料，换入优质蜜脾。

【治疗】

每 10 框蜂用复方维生素 B 20 片、食母生（干酵母）10 片和多酶片 1 片研碎后加入到 1 千克糖浆（糖水比为 1:1）或蜂蜜水中，充分搅匀后喂蜂，每天饲喂 1 次，连喂 4~5 天。

注意

　　如蜜蜂因甘露蜜中毒而并发微孢子虫病、阿米巴病或其他病害，应及时治疗。

四、工业与养殖业排污中毒

在工业区，各厂、矿高耸入云的烟囱冒出的浓烟含有许多有害的化学物质，这些有害物质包括砷化物、氟化物、臭氧和氟气等。随着环保意识的提高，要求相关企业给烟囱安装过滤器，以消除或降低浓烟中有害物质成分。然而，还是有一些企业并没有给烟囱安装过滤器，而把废气直接排入空气中。这样，烟雾而给周围的植物和土壤沉积大量的砷化物。此外，厂矿企业及大型养殖场排出的粪污、废气、废水都有可能对蜂场周围的环境造成污染。蜜蜂采集受污染植物的粉、蜜和污水后就会发生中毒。

【症状】

蜜蜂采集了受污染的水后就会发生爬蜂、下痢等症状，废气会使蜜蜂骚乱和寿命缩短。研究表明：当将纱笼中蜜蜂暴露于 0.5 微升/升的臭氧中时，蜜蜂开始会受到骚扰，但很快就平静下来；但当臭氧含量达到 1~5 微升/升时，蜜蜂就连续地"嗡嗡"叫，无规则地乱爬，失去食欲，而且寿命缩短。此外还发现，当暴露于 4~5 微升/升的氟气中时，蜜蜂的寿命缩短了 13%。

【预防】

在安排蜂场位置时应尽量远离这些污染源，以免蜂群中毒。

第八章

第九章 遗传和环境因素引起的蜂病的诊治

一、温度导致的病害

1. 卵和幼虫的高温伤害

【病因】

卵和幼虫过热，是由于持续的高温和蜂群丧失调温能力造成的。蜂群在长途转地过程中，若群势过大，蜂箱缺乏充足的空间和通气条件，往往造成一些老蜂不断骚动和取食，使蜂箱内的温度不断上升。这样，除造成相当一部分成年蜂死亡外，箱内的幼虫和卵由于无法忍受这种高温而死亡。研究表明，幼虫的最低致死温度为37℃。另外，在繁殖期间若蜂箱被太阳直晒，也会引起卵和幼虫因高温而死亡。

【症状】

蜂群在运输途中，尤其是夏季高温运输时，由于运输时间太长，加之通风不良，造成群内蜜蜂极度不安而躁动，产生过多热量，从而使蜂群内温度陡然升高。严重时，巢脾熔化，蜜从蜂箱内流出，箱底随即出现大量发黑、潮湿、似水洗一样的死蜂。高温干热的盛夏酷暑季节，群势衰弱的蜂群，蜂王产卵成片，群内幼蜂哺育力严重不足，加之高温低湿，易造成边缘卵圈呈暗黄色，干瘪不孵化，幼虫浆水不足等问题。

【防治】

夏季做好蜂群的遮阴降温工作，运输蜂群途中打开巢门，注意通风，盛夏时天黑后运蜂，向蜂群内喷洒凉水，均可降低高温对蜜蜂的伤害。

2. 卵和幼虫的冻害

【病因】

虫卵受冻是由于外界天气过冷所致，弱群更易受到伤害。春季繁殖期，幼虫的数量超过成年蜂所能照顾的量，造成夜晚寒冷时蜂团收缩所能维持的温度低于虫卵所需温度，导致虫卵受冻。蜂群由于杀虫剂毒害或人为分蜂后部分老蜂返回原巢造成的群势突然下降也会导致虫卵受冻。

【症状】

虫卵冻伤较易识别，一般外界气温持续低于 14℃ 就很可能造成虫卵受冻。受冻的幼虫和卵多出现在蜂团的侧面和下部边缘，受冻幼虫的外表可有多种形状，一般为奶黄色，腹部边缘带有黑色或褐色。幼虫质地干脆，油脂可能呈水状，但不黏稠。气味一般较淡，有时也有令人讨厌的酸味。封盖幼虫的死亡有时会出现封盖穿孔现象。同其他幼虫病相比，冻死幼虫的显微诊断，一般找不到病原微生物。受冻的蜂卵通常呈干枯状，无法孵化。

【防治】

防治方法主要是加强蜂群的饲养管理。对饲料不足的蜂群要及时补充饲喂；对于弱群，应适当合并，增强群势，提高保温抗寒能力；早春和晚秋要特别注意对蜂群的保温，保持蜂多于脾或蜂脾相称。

3. 蜜蜂卷翅病

蜜蜂卷翅病是我国长江流域及其以南各省西方蜜蜂常见的非传染性病害。发病严重时期多在 7~8 月。江浙地区多发生于芝麻花期，福建多发生于籽瓜和黄麻花期。若不及时采取预防措施，严重的蜂群发病率可达 70% 以上。新老蜂交替衔接不上，导致群势迅速下降，造成度夏严重困难或秋衰。

【病因】

该病主要是气温太高、蜂箱内湿度太小导致幼虫发育不正常而诱发。当外界气温高达 35℃ 以上，空气相对湿度在 70% 以下时，蜂群内蜜蜂少，子脾多，易发生卷翅病，群内若缺乏饲料，病情也会加重。另外，大蜂螨和小蜂螨的危害也会导致该病的发生。寄生于幼虫和蛹体内的大蜂螨或小蜂螨吸取体液，影响其正常发育，羽化出房的幼蜂出现卷翅或缺翅。

【症状】

羽化出房的幼蜂翅膀不能伸展，形成卷翅，轻者翅尖卷，重者翅面叠折，蜂体瘦小。通常边脾和子脾边缘的幼蜂病情严重，卷翅蜂在第一次出巢试飞时，即坠地死亡。卷翅病多发生于气候变化异常、粉源较多的季节。

【防治】

采取以防暑降温为主的综合防治措施。

(1) 选择阴凉场地 选择阴凉靠近水源的地方作为蜂群越夏场地，特别要避免将蜂群放在烈日直晒的地方。

(2) 做好蜂群的遮阴 当蜂场无天然遮阴物时，应架设凉棚或在蜂箱上加盖草帘遮阴。

(3) 调节箱内温湿度 在卷翅病发生时期，可采取蜂箱内加灌水脾或在框架间加木条等方法来调节箱内的温湿度。

(4) 做好蜂螨的防治工作 控制蜂螨的寄生率在 2% 以下，保持蜜蜂的健康生活。

(5) 保持饲料充足 蜂群缺蜜时，应用糖浆（糖水比为 1:1）作为补充饲喂。

二、遗传病

常见的遗传病有二倍体雄蜂、死卵、死幼虫和蛹、身体变异嵌合体等，一般在养蜂生产中不常见。我国蜂农习惯自己育王，并常年如此，蜜蜂遗传病的发病率相对较高。

【病因】

由于蜂王近亲交配，后代生活能力降低。

【症状】

在没有病原物侵染的情况下，群内出现少量卵不孵化，幼虫不化蛹或蛹死亡，或者是孵化出来的蜜蜂复眼、翅膀、体色和体毛等发生变异。这些症状很大部分来自遗传的缺陷。

【预防】

遗传性疾病的预防原则为，避免近亲繁殖，如已患病，及时更换或淘汰病群中的蜂王。从专业育种场引进产卵的蜂王作为母系亲本，一般 3 ~ 5 年就应向专业育王场购买新王，引进新的"血缘"替换饲养的蜂种，用其所产幼虫育王，即可消除近亲繁殖的危险。

参 考 文 献

[1] 吴杰. 蜜蜂学 [M]. 北京：中国农业出版社，2012.

[2] 陈大福，吴忠高. 蜜蜂病敌害防治指南 [M]. 北京：中国农业科学技术出版社，2014.

[3] 陈盛禄. 中国蜜蜂学 [M]. 北京：中国农业出版社，2001.

[4] 周婷. 蜜蜂医学概论 [M]. 北京：中国农业科学技术出版社，2014.

[5] 李铁生. 中国经济昆虫志：胡蜂总科 [M]. 北京：科学出版社，1982.

[6] 周婷，王强，姚军，等. 蜜蜂病虫害综合防控体系的研究与建设 [J]. 中国农业科学，2007，40（增刊）：470-476.

[7] 孟凡平，田晓冬，姜振民. 患病蜜蜂的临床鉴别 [J]. 养殖技术顾问，2007（11）：53.

[8] 申如明. 中蜂病敌害的诊断与防治 [J]. 甘肃畜牧兽医，2017，47（7）：92-93.

[9] 刘学录，童金凤，马振刚. 蜜蜂主要病害及其病原 PCR 检测研究进展 [J]. 南方农业学报，2016，47（1）：147-152.

[10] 震声. 蜜蜂幼虫及成年蜂主要病害鉴别表 [J]. 中国养蜂，2001（6）：18.

[11] 张其安，王娟，杨少波. 蜜蜂细菌性疾病及其防治的研究进展 [J]. 中国蜂业，2011，62（增刊2）：25-30.

[12] 刘正忠. 中蜂欧洲幼虫腐臭病的诊断与防治 [J]. 中国蜂业，2017，68（1）：38.

[13] 陈傲，孙杰，缪晓青. 蜜蜂（Apis mellifera）美洲幼虫腐臭病最新研究进展 [J]. 中国蜂业，2013，64（增刊2）：28-31.

[14] 周克才. 蜜蜂美洲幼虫腐臭病临场检查要点和防治方法 [J]. 中国畜牧业，2012（4）：92-93.

[15] 黄文诚. 蜜蜂细菌性幼虫病 [J]. 蜜蜂杂志，2004（4）：25-29.

[16] 张炫，陈彦平，和绍禹. 蜜蜂病毒学研究进展 [J]. 应用昆虫学报，2012，49（5）：1095-1116.

[17] 王桂芝，娄德龙，姜风涛，等. 蜜蜂慢性麻痹病的防控 [J]. 中国蜂业，2017，68（5）：38-39.

[18] 陈渊. 漫谈中蜂及其中蜂囊状幼虫病 [J]. 蜜蜂杂志，2018，38（3）：

26-27.

[19] 王瑞生. 规模化中蜂场非药物防治中蜂囊状幼虫病的方法 [J]. 蜜蜂杂志, 2019, 39 (1): 14-15.

[20] 王向辉, 郑言, 隋佳辰, 等. 黑蜂王台病毒研究进展 [J]. 中国畜牧兽医, 2016, 43 (1): 248-255.

[21] 哈森, 何晓杰, 王科珂, 等. 蜜蜂白垩病病原的分离与鉴定 [J]. 中国兽医杂志, 2014, 50 (4): 29-30.

[22] 李绚, 龙敏仪. 蜜蜂白垩病的草药防治研究 [J]. 家畜生态学报, 2015, 36 (4): 57-64.

[23] 陈晓云. 白垩病、黄曲霉病的危害与防治 [J]. 蜜蜂杂志, 2013, 33 (1): 24.

[24] 祝长江. 蜜蜂孢子虫病与阿米巴病的鉴别诊断 [J]. 中国蜂业, 2011, 62 (11): 19-20.

[25] 许瑛瑛, 王帅, 张迎迎, 等. 感染蜜蜂的两种微孢子虫—Nosema apis 和 Nosema ceranae [J]. 应用昆虫学报, 2018, 55 (4): 549-556.

[26] 张素贞, 何超, 王艳丽, 等. 重庆地区蜜蜂微孢子虫的鉴定及分子遗传多样性分析 [J]. 西南农业学报, 2015, 28 (5): 2323-2330.

[27] 孙启跃. 蜜蜂孢子虫病的诊断与防治 [J]. 中国畜禽种业, 2012, 8 (11): 24.

[28] 王星. "爬蜂病"的诊断与鉴别 [J]. 黑龙江畜牧兽医, 2008 (4): 89.

[29] 王志, 牛庆生, 王进州, 等. 蜜蜂爬蜂综合征致病因素调查及防治 [J]. 蜜蜂杂志, 2016, 36 (6): 7-9.

[30] 王星, 周婷, 王强, 等. 蜜蜂寄生瓦螨的分类学研究进展及存在的问题 [J]. 中国蜂业, 2006, 57 (2): 4-6.

[31] 罗其花, 周婷, 王强, 等. 蜂螨的种类及蜜蜂主要害螨研究进展 [J]. 中国农业科学, 2010, 43 (3): 585-593.

[32] 刘瑞, 刘奇志. 国内外大蜡螟研究与产业发展现状及展望 [J]. 中国农学通报, 2015, 31 (28): 280-284.

[33] 赵晴, 李静, 陆秀君, 等. 大蜡螟抗菌物质的抑菌活性检测及其初步分离 [J]. 中国农学通报, 2009, 25 (13): 166-170.

[34] 朱事康, 于飞, 周宇, 等. 检疫害虫蜂房小甲虫研究进展 [J]. 广东农业科学, 2011, 38 (22): 66-67.

[35] 郭亚惠, 杨华, 叶军. 蜂巢小甲虫发展现状以及对我国养蜂业的影响

[J]. 中国蜂业, 2019, 39 (7): 17-20.

[36] 王志, 李志勇. 认识蜂虎 [J]. 蜜蜂杂志, 2004 (2): 29.

[37] 胡福良, 黄坚. 蜜蜂农药中毒防治措施 [J]. 蜜蜂杂志, 2009, 29 (12): 26.

[38] 方文富. 12 种有毒蜜粉源植物及预防中毒措施 [J]. 中国蜂业, 2007 (3): 24.

[39] 郭冬生. 蜜蜂采集油茶蜜粉时蜂群的状况分析 [J]. 黑龙江畜牧兽医, 2014 (12): 125-126.

[40] 胡元强. 蜜蜂花粉中毒症状及抢救预防措施 [J]. 中国蜂业, 2016, 67 (10): 31-32.

[41] 苍涛, 王彦华, 俞瑞鲜, 等. 蜜源植物常用农药对蜜蜂急性毒性及风险评价 [J]. 浙江农业学报, 2012, 24 (5): 853-859.

[42] 王桂芝, 娄德龙, 王士强, 等. 高温季节如何防止蜜蜂热伤衰落 [J]. 中国蜂业, 2019, 70 (8): 28.

[43] 牛德芳. 低温 24℃对蜜蜂工蜂封盖子发育的影响 [D/OL]. 福州: 福建农林大学, 2011 [2011-04-01]. http://kns. cnki. net/kns/detail/detail. aspx? FileName = 1016180895. nh&DbName = CMFD2016.